AF466014

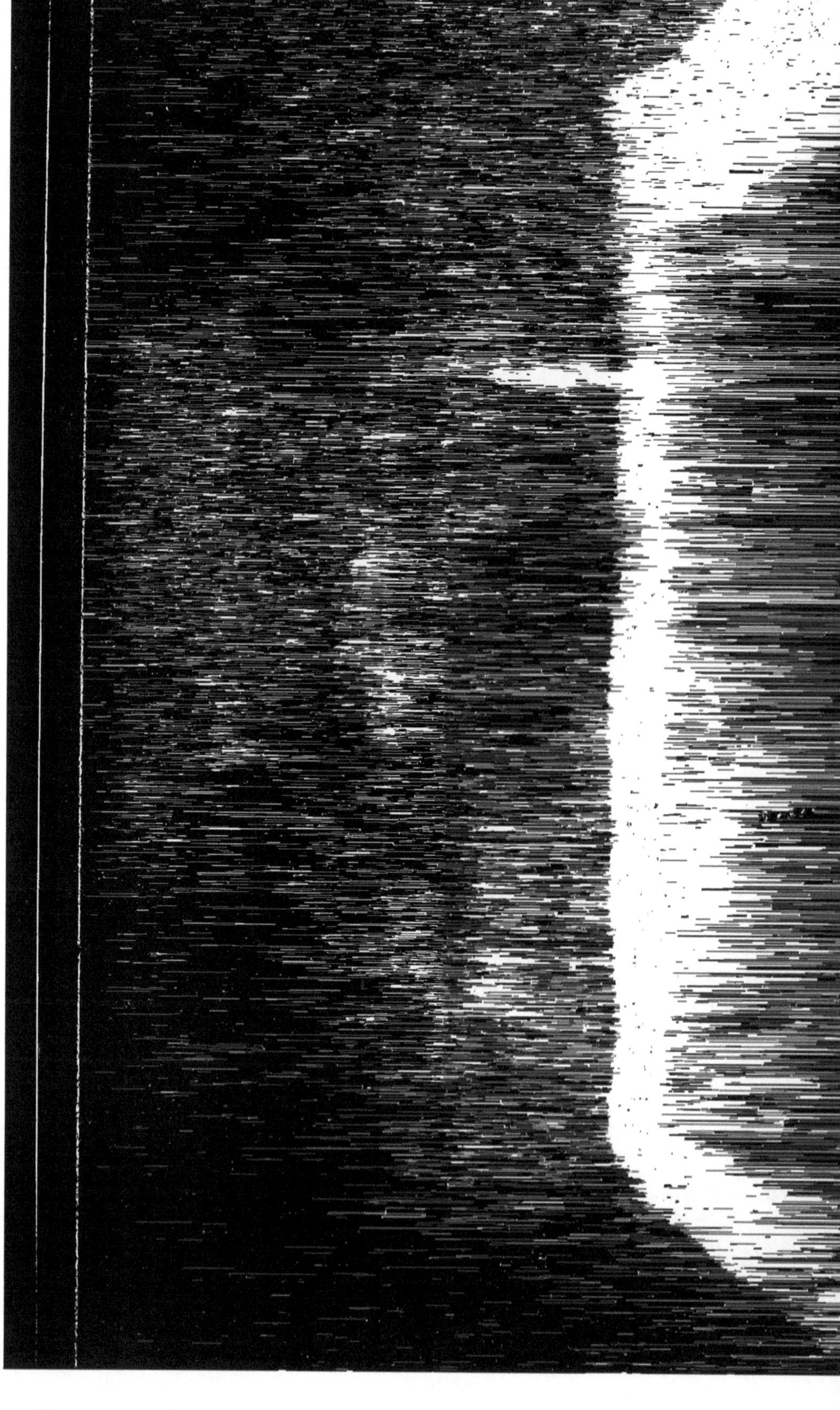

RAPPORT DE MISSION AGRICOLE À L'ÉTRANGER.

CONSIDÉRATIONS SPÉCIALES

RELATIVES

À LA THÉORIE DE L'ALIMENTATION
ET PARTICULIÈREMENT À LA PRODUCTION DU TRAVAIL MUSCULAIRE
ET DU TRAVAIL MÉCANIQUE,

PAR

M. ALFRED MALLÈVRE,
DIPLÔMÉ DE L'ENSEIGNEMENT SUPÉRIEUR DE L'AGRICULTURE EN MISSION D'ÉTUDES.

(Extrait du *Bulletin du Ministère de l'Agriculture.*)

PARIS.
IMPRIMERIE NATIONALE.

M DCCC XCII.

RAPPORT DE MISSION AGRICOLE À L'ÉTRANGER.

CONSIDÉRATIONS SPÉCIALES

RELATIVES

À LA THÉORIE DE L'ALIMENTATION
ET PARTICULIÈREMENT À LA PRODUCTION DU TRAVAIL MUSCULAIRE
ET DU TRAVAIL MÉCANIQUE,

PAR

M. ALFRED MALLÈVRE,

DIPLÔMÉ DE L'ENSEIGNEMENT SUPÉRIEUR DE L'AGRICULTURE EN MISSION D'ÉTUDES.

(Extrait du *Bulletin du Ministère de l'Agriculture.*)

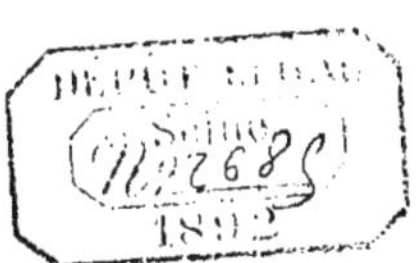

PARIS.

IMPRIMERIE NATIONALE.

M DCCC XCII.

RAPPORT DE MISSION AGRICOLE À L'ÉTRANGER.

CONSIDÉRATIONS SPÉCIALES

RELATIVES

À LA THEORIE DE L'ALIMENTATION ET PARTICULIÈREMENT À LA PRODUCTION DU TRAVAIL MUSCULAIRE ET DU TRAVAIL MÉCANIQUE.

INTRODUCTION.

Durant mon séjour en Allemagne, je passai une année au laboratoire de physiologie animale de l'Institut agronomique de Berlin, où l'on s'occupe très activement des questions relatives à la nutrition. M. Zuntz, le savant directeur de ce laboratoire, y avait institué depuis quelques années de remarquables expériences sur les échanges nutritifs du cheval au repos et pendant le travail, destinées à éclairer le problème de l'alimentation des équidés moteurs. C'est surtout sur ces recherches, qui sont loin d'être terminées, que je désirerais appeler l'attention, en donnant une courte analyse des résultats publiés jusqu'ici. Pour en mieux faire ressortir l'intérêt, je crois cependant ne pas devoir isoler ces expériences; aussi parlerai-je de quelques travaux de physiologie exécutés en Allemagne et d'où sont sorties certaines notions nouvelles fort importantes pour l'étude des problèmes qui concernent l'alimentation. Ce sera comme un résumé des enseignements que j'ai pu recueillir à Berlin; nous toucherons certains points qui intéressent la théorie générale de l'alimentation, en même temps que nous obtiendrons une vue plus large sur le cas spécial de la production du travail musculaire et du travail mécanique.

Notre sujet comprendra ainsi deux parties :

1° Un aperçu de quelques questions de physiologie susceptibles de préciser la notion de la valeur nutritive des aliments;

2° La production du travail musculaire et du travail mécanique.

PREMIÈRE PARTIE.

Échanges nutritifs, dynamiques et matériels.

Les produits, utilisables ou non, que fournissent les animaux à température constante, les seuls dont nous nous occupions ici, peuvent être classés en produits matériels et en produits dynamiques. La viande, le lait, les matières excrémentitielles (eau, urée, etc.), appartiennent aux premiers; aux seconds se rattachent la chaleur, le travail musculaire, etc. Mais entre l'obtention des uns et des autres il existe des relations étroites. Ces deux sortes de produits ont, en effet, leur source unique dans les principes immédiats assimilables contenus dans les aliments. Ces principes qui, pour la plus grande partie, appartiennent à trois grands groupes, les matières azotées albuminoïdes, les graisses et les hydrates de carbone, renferment une certaine somme d'énergie potentielle, énergie de tension comparable à celle d'un ressort bandé. C'est elle qui, par sa transformation en énergie actuelle, énergie de mouvement (chaleur, travail mécanique), livre les produits dynamiques de l'économie, en même temps que les principes immédiats subissent des mutations chimiques qui les font passer à l'état de composés plus simples et d'une teneur plus faible en énergie potentielle. La transformation se fait par voie d'équivalence; ceci résulte nécessairement de la loi de la conservation de l'énergie, qui, en même temps que la loi de la conservation de la matière, régit tous les phénomènes naturels. Quand apparaît une certaine quantité d'énergie actuelle, il faut qu'une quantité équivalente d'énergie potentielle disparaisse.

En vertu des deux grandes lois que nous venons de rappeler, la somme des éléments chimiques (oxygène, azote....) renfermés dans les produits matériels dérivés des aliments devra être égale à la somme des éléments chimiques contenus dans ces derniers; et de même la somme des produits dynamiques de l'organisme dérivés de l'énergie potentielle des aliments devra être égale à cette dernière diminuée de l'énergie potentielle encore fixée aux produits matériels provenant de ces mêmes aliments, pourvu que toutes ces quantités d'énergie soient exprimées à l'aide d'une même unité. Nous pouvons représenter schématiquement la transformation des aliments, tant au point de vue dynamique qu'au point de vue matériel, de la façon suivante :

	PRODUITS DE L'ORGANISME		
ALIMENTS.	MATÉRIELS.		DYNAMIQUES.
Principes immédiats renfermant beaucoup d'énergie potentielle (albuminoïdes, graisses...).	Principes immédiats renfermant beaucoup d'énergie potentielle (albuminoïdes, graisses... contenues dans le lait, la viande...).	Matières excrémentitielles renfermant peu ou point d'énergie potentielle (urée, CO^2, H^2O,...)	Énergie actuelle (chaleur, travail mécanique...).

Il est évident que plus la quantité des produits dynamiques provenant d'une alimentation donnée sera grande, plus sera grande aussi la quantité des matières excrémentitielles; et les produits de valeur économique plus élevée qui renferment beaucoup d'énergie potentielle diminueront. Or, quel que soit le but visé dans l'alimentation des machines animales, les produits dynamiques et, par suite, les matières excrémentitielles apparaissent toujours en grande quantité. On n'a peut-être jamais constaté un seul cas dans lequel moins de la moitié de l'énergie potentielle des aliments ait été transformée en énergie actuelle. Cette liaison étroite entre l'obtention des produits dynamiques et des produits matériels montre l'intérêt qui s'attache à l'étude des relations qui existent entre les échanges matériels et les échanges dynamiques, dont l'ensemble constitue les échanges nutritifs de l'économie animale.

Avant d'exposer ces relations, il nous faut connaître les quantités d'énergie potentielle que renferment les substances dont nous aurons à nous occuper.

Énergie potentielle des principes immédiats des aliments et de l'organisme, et de quelques résidus de la nutrition.

L'énergie potentielle d'un composé organique n'est pas directement mesurable. Mais, d'après le principe de l'équivalence, une certaine quantité d'énergie potentielle qui se transforme en chaleur développe toujours une quantité de chaleur qui lui est proportionnelle. Celle-ci, qu'on détermine directement à l'aide du calorimètre, peut donc être prise comme mesure de l'énergie potentielle qui lui a donné naissance. C'est ainsi qu'on évalue l'énergie potentielle d'un composé organique par sa chaleur de combustion totale, c'est-à-dire par la quantité de chaleur que dégage ce composé quand il passe au maximum d'oxydation; les produits ultimes ainsi obtenus, saturés d'oxygène, sont inertes et ne peuvent plus fournir d'énergie.

Deux importants travaux ont été exécutés en Allemagne sur les chaleurs de combustion des substances qui intéressent spécialement la physiologie : ce sont les recherches calorimétriques de Stohmann[1] et celles de Rubner[2]. Les deux habiles expérimentateurs ont modifié et perfectionné la méthode de Frankland, et l'accord des chiffres obtenus par chacun d'eux est un gage de leur exactitude. Les résultats publiés plus récemment par M. Berthelot concordent également.

Par exemple la chaleur de combustion de 1 gramme de substance s'élève, pour la matière albuminoïde (syntonine), à 5,754.4 petites calories; pour la graisse de porc, à 9,423; pour l'amidon, à 4,116; pour l'urée, à 2,523.

Les matières grasses et les hydrates de carbone s'oxydent au maximum dans l'organisme comme dans le calorimètre, en donnant de l'eau et de l'acide carbonique. Il est vrai que le mode suivant lequel s'opère l'oxydation est bien différent dans les deux cas. Dans l'organisme, les substances passent par des états intermédiaires nombreux et variables. Mais, en vertu du théorème de l'état initial et de l'état final énoncé par Berthelot, la quantité de chaleur dégagée n'en est pas moins la même. D'après ce théorème, nous dirons, pour le cas simple qui nous occupe : quel que soit le nombre des états intermédiaires entre la substance organique et les produits d'oxydation en lesquels elle se résout définitivement, la quantité de chaleur produite (d'énergie potentielle perdue) reste la même que si cette substance avait livré directement les produits ultimes d'oxydation, c'est-à-dire était passée sans transition de son état initial à son état final. Ainsi les chaleurs de combustion mesurées directement au calorimètre représenteront également les quantités d'énergie que les graisses, les hydrates de carbone et toute substance ternaire s'oxydant au maximum dégageront dans l'économie.

Pour les matières albuminoïdes, l'état final n'est pas le même dans le calorimètre et dans l'organisme. Dans ce dernier, la combustion de ces substances n'est pas totale elles livrent certains produits dont l'urée est le plus important et qui par oxydation peuvent encore fournir de la chaleur. Le théorème suivant de Berthelot permettra encore de calculer les quantités d'énergie que les albuminoïdes pourront dégager dans

(1) Stohmann. *Landwirtschaftliche Jahrbücher*, 1884, p. 513-581.
(2) Rubner. *Zeitschrift für Biologie*, t. XXI, p. 250, 1885.

l'économie par leur oxydation incomplète : « L'oxydation incomplète d'un principe immédiat par l'oxygène libre dégage une quantité de chaleur égale à la différence entre la chaleur de combustion totale de ce principe et celle des produits actuels de sa transformation. »

Ainsi la chaleur de combustion de 1 gramme de syntonine est de 5,754.4 petites calories. Si nous admettons que les produits de sa transformation soient CO^2, H^2O et de l'urée, l'oxydation incomplète de 1 gramme de syntonine aura dégagé 5,754.4 petites calories, moins la chaleur de combustion de l'urée produite, c'est-à-dire 5,754.4—895.6=4,858.8 petites calories, puisque 1 gramme de syntonine donne 0 gr. 355 d'urée. En vertu du théorème de l'état initial et de l'état final, cette quantité de chaleur restera la même, quels que soient les états intermédiaires par lesquels aura passé la syntonine avant de se résoudre en eau, acide carbonique et urée.

Mais, en réalité, si l'urée est le produit le plus important non saturé d'oxygène, qui résulte de la désassimilation des albuminoïdes, elle n'est pas le seul. Par suite, en admettant pour produits ultimes de la décomposition de ces matières, H^2O, CO^2 et l'urée, on commet une inexactitude qui en entraîne une autre dans le calcul des quantités d'énergie qu'elles dégagent dans l'économie. C'est pourquoi Rubner est allé plus loin et s'est livré à des recherches qui permettent d'apprécier l'étendue des erreurs commises.

Le principe de la méthode employée par Rubner est le suivant : on fait consommer par un chien une certaine quantité de matière albuminoïde à l'exclusion de toute autre nourriture ; l'urine et les excréments renferment les produits de désassimilation de la matière azotée consommée. On détermine alors directement avec le calorimètre la chaleur de combustion de la matière albuminoïde, puis celle de l'urine et des excréments. La différence donne la valeur réelle de la quantité d'énergie potentielle perdue par la substance consommée pendant son passage à travers l'organisme. Voici le résumé des expériences à exécuter tel que le donne Rubner[1] :

« Pour déterminer la valeur calorique des matières albuminoïdes dans l'organisme, il faut rechercher :

« 1° La valeur calorique de la substance albuminoïde considérée ;

« 2° La valeur calorique des produits excrémentitiels, *a.* urine, *b.* excréments ;

« De plus, comme les éléments nutritifs ne sont jamais consommés à l'état sec, mais gonflés par l'eau et que les produits excrémentitiels s'échappent également du corps gonflés ou dissous, il faut déterminer les modifications qu'éprouve la valeur calorique des substances en question par leur gonflement ou leur dissolution dans l'eau.

« Ainsi on devra rechercher :

« 1° La chaleur dégagée par le gonflement dans l'eau des composés albuminoïdes ;

« 2° La chaleur dégagée par le gonflement des excréments et par la dissolution de leurs composés ;

« 3° La chaleur de dissolution des composés de l'urine. Cette dernière est négative, c'est-à-dire que la dissolution est accompagnée d'une absorption de chaleur. »

A l'aide de cette méthode, Rubner a déterminé la valeur calorique dans l'organisme de trois sortes de substances azotées albuminoïdes :

1° La matière albuminoïde du muscle (*muskeleiweiss*) ; c'est la substance obtenue

[1] *Zeitschrift für Biologie*, t. XXI, p. 282.

après épuisement de la viande fraîche par l'eau, l'alcool et l'éther. Elle représente un mélange de syntonine, de myosine et de substance collagène; c'est donc la matière albuminoïde insoluble du muscle.

2° La substance musculaire (*muskelsubstanz*); c'est la viande simplement dépourvue de graisse. 100 parties renferment :

Syntonine, myosine et substance collagène	70.12
Hémoglobine, albumine du sérum	8.57
Matières extractives	3.13
Cendres	5.50

3° La substance albuminoïde désassimilée pendant le jeûne. Pour la matière albuminoïde du muscle, les résultats détaillés sont les suivants :

100 parties de matière albuminoïde sèche dégagent dans le calorimètre		575,44 calories.
A retrancher	les produits excrémentitiels correspondants : urine 109.45, excréments 18.54	128.00
	la chaleur de gonflement de la matière albuminoïde	2.88
	la chaleur de dissolution de l'urée	2.15
	Reste pour la valeur calorique dans l'organisme	442.41

soit 76.8 p. 100 de la valeur calorique totale de la matière albuminoïde; la perte s'élève à 23.2 p. 100.

Quand on exécute le calcul d'après la méthode ordinaire, comme l'a fait Stohmann, en retranchant simplement de la valeur calorique totale de la matière abuminoïde celle de l'urée correspondant à la teneur en azote de la substance, on obtient les chiffres suivants :

Pour 100 grammes de matière albuminoïde sèche, la valeur calorique est de	575.44 calories.
Pour 35^{gr},5 d'urée sèche	89.56
Différence	495.88

Cette fois, la valeur calorique dans l'organisme s'élèverait à 84.4 p. 100, et la perte à 15.6 p. 100 seulement, tandis que, nous venons de le voir, la valeur calorique et la perte réelles sont respectivement de 76.8 p. 100 et de 23.2 p. 100.

Pour la substance musculaire, 100 grammes ont une valeur calorique dans l'organisme égale à 400.05 calories, soit 74.9 p. 100 de la valeur totale 534.5; la perte égale 25 p. 100. Le calcul ordinaire aurait donné pour la valeur calorique 84.72 p. 100 et pour la perte 15.28 p. 100.

Enfin, en ce qui concerne la substance azotée désassimilée durant le jeûne, 100 grammes ont une valeur calorique dans l'organisme égale à 384.2; c'est 71.9 p. 100 de la valeur totale; la perte est égale à 28.1 p. 100.

Ainsi les recherches de Rubner montrent que la valeur calorique d'une matière albuminoïde dans l'organisme n'est guère que les 9 dixièmes de celle qui lui est attribuée à la suite du calcul simple qu'on exécute d'ordinaire.

Rubner a fait remarquer que la chaleur de formation des matières albuminoïdes est positive, c'est-à-dire que le carbone et l'hydrogène de leurs molécules dégagent moins de chaleur en s'oxydant que s'ils étaient brûlés à l'état libre. Ceci montre bien que l'accumulation supposée de grandes quantités d'énergie dans ces substances quaternaires n'est point conforme à la réalité.

Quelle est l'influence de la constitution chimique des différentes matières albuminoïdes sur leur valeur calorique dans l'organisme? En utilisant les chaleurs de combustion totale déterminées par Stohmann, Rubner a trouvé pour la syntonine la valeur maxima 4424 petites calories pour 1 gramme et, pour une matière albuminoïde d'origine végétale, la conglutine, la valeur minima 3969; la différence s'élève à 10.7 p. 100. Cette moins-value de la conglutine coïncide avec une plus grande teneur en azote et une moindre teneur en carbone; en général, une matière albuminoïde fournit d'autant moins d'énergie que sa teneur en azote est plus élevée.

Pour permettre une vue d'ensemble, nous donnons dans le tableau suivant les chiffres obtenus par Rubner et par Stohmann pour les substances les plus importantes au point de vue physiologique.

SUBSTANCE (1 GRAMME).	CHALEUR de COMBUSTION TOTALE. — PETITES CALORIES.	VALEUR	
		THERMOGÈNE dans l'organisme.	EN POUR CENT de la chaleur de combustion totale.
Syntonine	5754	4424	78.6
Substance musculaire	5345	4000	74.9
Substance albuminoïde désassimilée pendant le jeûne	....	3842	71.9
Graisse de porc	9423	9423	100
Urée	2523		
Glycérine	4305		
Amidon	4116		
Glucose	3692		
Acide citrique	2393		
Acide tartrique	1744		

Avec Rubner on peut ranger ces composés en trois groupes : *a.* les graisses qui dégagent le plus d'énergie dans l'organisme; *b.* les matières albuminoïdes et les hydrates de carbone dont la valeur calorique dans l'organisme s'élève à peine à la moitié de celle des graisses; *c.* les acides organiques dont la valeur calorique descend à un quart et moins par rapport aux mêmes substances.

Enfin le tableau suivant de Rubner contient les poids isodynamiques de quelques composés par rapport à 100 grammes de graisse. On appelle *poids isodynamiques* des divers éléments nutritifs les poids de ces substances qui, en s'oxydant, peuvent dégager des quantités égales d'énergie dans l'économie.

SUBSTANCES.	EN GRAMMES.	SUBSTANCES.	EN GRAMMES.
Syntonine	213	Lactose	243 (242)
Glycérine	219 (218)	Substance désassimilée pendant le jeûne	245
Amidon	229 (228)	Glucose	255 (254)
Sucre de canne	235 (237)	Acide citrique	394 (391)
Substance musculaire	235 (208)	Acide tartrique	540 (537)

Les chiffres entre parenthèses sont ceux de Stohmann. On voit qu'ils diffèrent très peu de ceux obtenus par Rubner, celui de la substance musculaire excepté; la différence dans ce cas s'élève à 12 p. 100. Elle ne tient pas à la détermination calorimétrique, mais au mode de calcul qui n'est pas le même et dont nous avons parlé plus haut (p. 7).

Nous sommes assez bien renseignés, comme on le voit, sur les quantités d'énergie que les divers éléments nutritifs ainsi que les matières constituantes du corps mettent à la disposition de l'organisme.

Nous faisons remarquer, pour éviter tout malentendu, que les poids isodynamiques ne donnent pas nécessairement la mesure de la valeur nutritive des substances auxquelles ils s'appliquent. Il n'en est ainsi que dans certains cas dont nous allons nous occuper maintenant en étudiant les relations qui existent entre les échanges dynamiques et les échanges matériels.

Relations entre les échanges matériels et les échanges dynamiques pendant le jeûne. La loi des substitutions isodynamiques.

Lorsqu'un animal à sang chaud ne reçoit plus de nourriture, il n'en continue pas moins à vivre un certain temps en consommant ses propres tissus. Instinctivement, il s'applique à éviter les causes de dépense, recherche un lieu peu éclairé à l'abri des excitations et s'abstient autant que possible de se mouvoir. Toutefois l'une de ses fonctions, celle de la calorification, continue de s'exercer avec une régularité parfaite; la température du corps conserve sa valeur normale et ne baisse que peu de temps avant la mort. On conçoit que dans ces conditions les échanges nutritifs se réduisent à un minimum. L'animal excrète jusqu'au moment de la mort des matières azotées, des sels et de l'eau par les reins, de l'acide carbonique et de l'eau par les poumons.

Quelles sont les substances organiques désassimilées durant le jeûne? Le corps d'un animal soumis à l'abstinence, lorsque le tube digestif ne contient plus d'aliments, ne renferme guère, en fait de matières organiques, que des matières albuminoïdes et de la graisse. Les premières proviennent surtout de la masse musculaire qui s'élève à 40 p. 100 du poids vif. On pourrait aussi penser aux hydrates de carbone; mais le glycogène, le seul dont la quantité soit appréciable, ne s'élève pas à 1 p. 100 du poids du corps. Ainsi l'on peut prévoir que, à l'état de jeûne, la chaleur produite provient des matières albuminoïdes et des graisses de l'organisme.

Pour vérifier cette prévision et déterminer les quantités respectives de matière albuminoïde et de graisse désassimilées, on opère de la façon suivante: On établit le bilan de l'azote et celui du carbone par le dosage de l'azote et du carbone dans les urines et celui du CO^2 exhalé à l'aide d'un appareil à respiration. L'azote permet de calculer directement la quantité de matière albuminoïde désassimilée. Celle-ci renferme une certaine quantité de carbone, connue maintenant, dont une partie a été éliminée par les urines, et le reste par les poumons à l'état de CO^2. Sachant ce que l'urine contient de carbone, on peut calculer ce reste et le CO^2 correspondant. Si l'on retranche cet acide carbonique du poids total de ce gaz exhalé par les poumons, la différence représente le CO^2 provenant de la graisse; comme la composition centésimale de cette dernière est connue, on peut calculer le poids de matière grasse oxydée. Si l'on dose en même temps l'oxygène libre absorbé dans l'acte respiratoire, on possédera le moyen de contrôler si réellement la matière albuminoïde et la graisse ont été oxydées jusqu'aux produits ultimes d'excrétion. En effet, cet oxygène, dosé directement, devra avoir un poids égal à celui obtenu par le calcul et qui serait nécessaire pour oxyder les quantités de matière albuminoïde et de graisse déterminées comme il vient d'être dit. En réalité, l'expérience a montré qu'il en était à très peu près ainsi.

Voici maintenant quelques-uns des résultats obtenus par Rubner [1] dans un travail remarquable et très complet sur les échanges nutritifs pendant le jeûne jusqu'au moment de la mort. Ils ont été exécutés à Munich sur des lapins et à l'aide du petit appareil à respiration de Voit. Le tableau suivant nous renseigne sur la quantité d'azote et, par suite, de matières albuminoïdes désassimilées :

JOURS DEPUIS LE DÉBUT DU JEÛNE.		A.		B.	
		AZOTE EXCRÉTÉ en moyenne par jour.	MATIÈRE ALBUMINOÏDE désassimilée en moyenne par jour.	TENEUR MOYENNE EN AZOTE du corps du lapin.	PERTE P. 100 EN AZOTE.
		grammes.	grammes.	grammes.	
Lapin II	1er–3^{e}	1.67	10.86	53.66	3.12
	4e–5^{e}	1.46	9.49	49.68	2.94
	6e–8^{e}	3.21	20.87	43.39	7.41
Lapin III	1er–2^{e}	1.50	9.75	52.22	2.87
	3e–8^{e}	1.03	6.70	47.63	2.16
	9e–15^{e}	0.91	5.82	41.37	2.19
	16e–18^{e}	2.65	17.23	34.23	7.73

La partie A du tableau nous apprend que la quantité de matière albuminoïde désassimilée va diminuant peu à peu depuis le commencement du jeûne pour s'élever ensuite au double environ dans les derniers jours qui précèdent la mort. Pourquoi la diminution lente dans l'excrétion d'azote? Elle provient de ce que la teneur du corps en matière albuminoïde s'abaisse. Rubner a fait le dosage total de l'azote des animaux morts, après leur avoir enlevé la peau et le contenu intestinal. Il a pu ainsi reconstituer leur teneur en azote aux différentes périodes du jeûne (Voir la partie B du tableau précédent). Si l'on rapporte alors la perte en azote éprouvée pendant chaque période du jeûne à 100 grammes de matière azotée du corps, on trouve un rapport qui pour chaque animal varie très peu pendant la durée du jeûne, à l'exception de la période qui précède immédiatement la mort et dont nous faisons abstraction pour le moment. Ainsi, pour un animal donné, la quantité de matière albuminoïde décomposée durant le jeûne est proportionnelle à la quantité totale de cette matière contenue dans l'organisme, c'est-à-dire qu'elle est constante pour un même poids de matière azotée du corps.

(1) Rubner. Über den Stoffverbrauch im hungernden Planzenfresser. *Zeitschrift für Biologie*, t. XVII, 1881.

Voici maintenant un tableau sur la désassimilation de la graisse :

JOURS DU JEÛNE.		GRAISSE DÉSASSIMILÉE	
		PAR JOUR en moyenne.	P. 100 D'AZOTE contenu dans le corps.
		grammes.	
Lapin II	2ᵉ	10.3	14.7
	4ᵉ	10.3	15.8
	8ᵉ	2.4	4
Lapin III	3ᵉ-8ᵉ	10	16.20
	9ᵉ-15ᵉ	7.4	13.77
	16ᵉ-19ᵉ	1	2.33

On voit que, rapportée à 100 grammes d'azote contenue dans le corps, la quantité de graisse désassimilée varie peu jusqu'à la dernière période de jeûne. C'est le même cas que pour la matière azotée. Si les différences sont plus sensibles pour la matière grasse que pour cette dernière substance, cela tient sans doute à ce que les mouvements musculaires éventuels augmentent la décomposition de la graisse et non celle des albuminoïdes. Ainsi, durant le jeûne, à l'exception des derniers jours, les échanges matériels présentent une remarquable régularité; ils sont constants quand on les rapporte à un même poids de matière azotée du corps. Cette remarque s'applique en même temps aux échanges dynamiques, puisque chez le même animal les graisses et les matières azotées sont désassimilées suivant un rapport qui varie fort peu.

Reste à expliquer les phénomènes qui caractérisent les derniers jours du jeûne. A ce moment, d'après les tableaux précédents, une augmentation considérable dans la désassimilation de l'azote coïncide avec une très forte diminution dans la destruction de la graisse. Rubner a prouvé qu'à l'époque où se produisent ces phénomènes, la réserve de graisse est épuisée. En analysant les lapins morts, il n'a obtenu en effet que 1 à 2 grammes de substances solubles dans l'éther. Les animaux avaient donc consommé toute leur matière grasse. Pour maintenir leur température normale, ils devaient nécessairement désassimiler un plus fort poids de matière azotée. On s'explique ainsi pourquoi l'excrétion de l'azote augmente dès que la graisse fait défaut. Mais ce n'est pas tout encore. En comparant les quantités respectives de matières albuminoïdes et de graisse décomposées pendant la dernière période du jeûne avec celles des périodes précédentes, Rubner a reconnu que *100 grammes de matière albuminoïde sèche ont été désassimilés à la place de 43.31 grammes de graisse*, ou encore que 2.31 de matière azotée ont remplacé 1 de graisse. Ce chiffre 2.31 est très voisin du facteur 2.45, qui, d'après les données calorimétriques de Rubner, représente le rapport entre les quantités d'énergie qu'un même poids de graisse et de matière albuminoïde désassimilée pendant le jeûne peut dégager dans l'organisme, quand ces deux substances sont oxydées jusqu'aux produits ultimes d'excrétion.

Ainsi l'animal, après avoir épuisé sa réserve de graisse et pour produire la chaleur nécessaire au maintien de sa température, doit décomposer un poids de matière azotée capable de fournir une quantité de chaleur égale à celle que lui donnait la graisse.

C'est la première manifestation d'une loi très importante pour la théorie de la nutrition et à laquelle Rubner a donné le nom de *loi des substitutions isodynamiques*. Elle peut s'énoncer ainsi : *Dans l'organisme soumis au jeûne, les matières organiques constituantes du corps (matières albuminoïdes et graisses) peuvent se substituer suivant des poids isodynames*. Nous venons de voir que 2.31 de matière azotée albuminoïde s'est substitué à 1 de graisse, pendant que 1 de graisse est capable de dégager 2.45 fois plus d'énergie que 1 de matière azotée. Cette loi montre que durant le jeûne l'organisme se comporte suivant le principe de la plus stricte économie.

La régularité des échanges matériels et dynamiques pendant l'abstinence a beaucoup d'importance. Grâce à elle, l'état de jeûne fournit aux physiologistes le point de départ le plus sûr pour étudier l'influence exercée par les facteurs les plus divers sur les échanges nutritifs.

La loi des substitutions isodynamiques soulève maintenant une question fort intéressante : que devient cette loi lorsque l'animal, au lieu d'être soumis au jeûne, reçoit des aliments? Autrement dit, est-ce que les éléments nutritifs appartenant aux trois grands groupes des matières albuminoïdes, des graisses et des hydrates de carbone ont la propriété de se substituer, soit entre eux, soit aux matières constituantes du corps en quantités isodynames? C'est ce que nous allons examiner. Mais comme cette question a été résolue partiellement grâce aux indications fournies par les gaz de la respiration, nous devons présenter auparavant quelques remarques à ce sujet.

Des gaz de la respiration au point de vue de la mesure des échanges dynamiques.

Quand un certain poids d'un élément nutritif, matière albuminoïde, graisse, hydrate de carbone, s'oxyde dans l'organisme jusqu'aux produits ultimes d'excrétion, il doit absorber un volume donné d'oxygène. De l'oxydation résulte, d'autre part, un volume également invariable de CO^2. Le rapport entre ces deux volumes $\left(\frac{CO^2}{O}\right)$ est ce qu'on nomme *le quotient respiratoire théorique* de la substance considérée. Il est aisé de calculer une fois pour toutes ces quotients. On voit de suite, par exemple, que pour les hydrates de carbone le quotient est égal à l'unité. Ces composés renferment, en effet, l'oxygène et l'hydrogène dans les proportions nécessaires pour former de l'eau.

L'oxygène libre requis pour l'oxydation correspond simplement au carbone de leur molécule, et l'oxygène nécessaire pour transformer le carbone en acide carbonique a précisément un volume égal au CO^2 produit : $C + O^2$ (2 volumes) $= CO^2$ (2 volumes). Pour les autres substances, la chose est moins simple; mais le calcul n'offre pas de difficultés : on trouve, par exemple, 0.78 pour la matière albuminoïde insoluble du muscle et 0.70 pour la graisse.

Le tableau suivant contient, pour les éléments nutritifs les plus importants, les quotients respiratoires théoriques, les quantités d'oxygène libre absorbé et de CO^2 produit lors de leur oxydation complète dans l'organisme, enfin les quantités d'énergie dégagée exprimées en petites calories, correspondant à l'absorption de 1 gramme d'oxygène et à la production de 1 gramme d'acide carbonique.

SUBSTANCES.	QUOTIENT respiratoire théorique.	POUR 1 GRAMME DE SUBSTANCE.		CALORIES DÉGAGÉES		NOMBRE de CALORIES dégagées par la combustion de 1 gramme de substance.
		O absorbé.	CO^2 produit.	pour 1 gramme d'O absorbé.	pour 1 gramme de CO^2 produit.	
		grammes.	grammes.			
Matière albuminoïde azotée (substance musculaire sèche)............	0.781	1.3361	1.437	3029	2816	4047
Graisse de porc.................	0.703	2.9157	2.819	3232	3342	9423
Glucose....................	1.00	1.067	1.467	3461	2517	3692
Amidon....................	1.00	1.1850	1.630	3479	2529	4123

On appelle *quotient respiratoire d'un animal* le rapport $\frac{CO^2}{O}$ entre les volumes d'oxygène absorbé par les poumons et de CO^2 exhalé pendant le même temps. Voit a trouvé que le quotient respiratoire des animaux nourris exclusivement avec de la viande est de 0.78. Ce chiffre s'accorde très bien avec celui qui représente le quotient théorique de la matière albuminoïde. Regnault et Reiset ont trouvé pour le chien 0.745 : l'animal consommait de la viande et une certaine quantité de graisse; le quotient respiratoire est donc compris entre les quotients théoriques de ces deux substances nutritives. Quand les animaux sont nourris surtout avec des hydrates de carbone, le quotient respiratoire est voisin de l'unité qui représente le quotient théorique de ces matières. C'est donc le régime alimentaire qui détermine avant tout la valeur du quotient respiratoire.

On a prétendu bien des fois que le quotient respiratoire des animaux ne correspondait plus aux quotients théoriques des substances désassimilées, quand, au lieu de considérer de longues périodes de temps (24 heures et plus), comme dans les expériences de Voit et de Regnault et Reiset, on dosait les gaz de la respiration pendant de très courtes périodes. Il résulterait de ce fait qu'il s'écoule un temps assez long avant que le cycle des transformations des substances en voie de désassimilation soit achevé. Mais, en réalité, les variations accentuées du quotient respiratoire, telles que les ont constatées quelques expérimentateurs, proviennent des troubles causés dans l'exhalation de CO^2 par les changements de la mécanique respiratoire. Si l'on évite ces derniers, on trouve que le quotient respiratoire correspond aux quotients théoriques des substances désassimilées. C'est ce qui résulte des expériences déjà anciennes de Speck[1], de Mering et Zuntz[2], de Wolfers[3], de Potthast[4] et enfin de très nombreuses expériences exécutées dans ces dernières années au laboratoire de l'Institut agronomique de Berlin[5].

Deux élèves de Pflüger, Finkler et Oertmann[6], ont étudié l'influence de la méca-

(1) Speck. — Untersuchungen über Sauerstoffverbrauch und Kohlensaüreathmung des Menschen. Cassel, 1871.

(2) Von Mering et Zuntz. *Pflüger's Archiv*, t. XXXII, p. 173.

(3) Wolfers. *Pflüger's Archiv*, t. XXXII, p. 222.

(4) Potthast. *Pflüger's Archiv*, t. XXXII, p. 280.

(5) Voir : A. Lœwy. *Pflüger's Archiv*, t. XLVI, p. 189, et t. XLIX, p. 405.

(6) Finkler et Oertmann. *Pflüger's Archiv*, t. XIV, p. 1 et 38.

nique respiratoire sur les échanges gazeux. Ces expérimentateurs ont immergé les animaux en expérience dans un bain à température constante pour exclure l'effet des variations possibles de la température; puis, à l'aide de l'appareil à respiration de Röhrig et Zuntz, ils ont dosé les gaz de la respiration (O et CO^2):

1° Quand celle-ci s'exécute normalement;

2° Quand on accélère le rythme respiratoire par une ventilation artificielle de façon à introduire en un temps donné une plus grande quantité d'oxygène dans les poumons.

La discussion des résultats ainsi obtenus leur a permis de montrer que les échanges gazeux conservent la même valeur dans les deux cas. De cette indépendance entre les échanges nutritifs dans les tissus et la quantité d'oxygène qui est fournie à ces derniers par la respiration, Pflüger a tiré de remarquables conséquences sur les phénomènes intimes de la nutrition. Quand les échanges nutritifs augmentent, on constate invariablement une plus grande activité de l'appareil respiratoire, mais ce surcroît d'activité est le résultat et non la cause de l'augmentation des échanges. Les tissus règlent à chaque instant leur consommation d'oxygène sur leurs besoins. Sur cette idée fausse qu'une ventilation plus active était capable, par un apport plus grand d'oxygène, d'élever les phénomènes d'oxydation dans l'organisme, s'était basée jadis l'assertion non moins inexacte que des animaux pourvus de poumons peu développés s'engraissent plus facilement, parce que la désassimilation de leurs tissus est moindre.

Mais, si un changement dans la ventilation reste sans influence sur les échanges gazeux, il n'en résulte pas moins des phénomènes secondaires dignes d'appeler l'attention. En effet, durant les premières minutes qui suivent une augmentation de la ventilation, on constate que la quantité de CO^2 exhalé est très augmentée; puis elle reprend sa première valeur pour ne plus varier jusqu'au moment où la ventilation, de nouveau modifiée, redevient ce qu'elle était d'abord. Il se passe alors un phénomène inverse : le volume de CO^2 exhalé diminue beaucoup, de telle sorte que le *plus* observé tout à l'heure et le *moins* constaté maintenant se compensent d'une façon presque parfaite. Ce trouble passager est une conséquence des lois physiques qui régissent le passage de l'acide carbonique du sang dans les voies respiratoires. Dans les poumons, le sang abandonne une quantité de CO^2 telle qu'il s'établisse un équilibre entre la tension de ce gaz dans l'air résiduel et la tension de ce même gaz dans le sang (Strassburg, Wolffberg, Nussbaum). Or, si la ventilation est augmentée, la tension de CO^2 dans l'air résiduel diminue et le sang abandonne un volume plus grand de ce gaz jusqu'au moment où il s'est mis de nouveau en équilibre avec la tension de CO^2 dans l'air résiduel. Un phénomène inverse se produit en vertu de causes toutes semblables quand la ventilation est diminuée.

Les variations dans l'exhalation de CO^2, qui proviennent de ce chef, sont indépendantes de la formation de ce gaz dans l'organisme, comme l'ont montré Finkler et Oertmann. Seulement il en résulte un écueil qui n'a pas toujours été évité. On a souvent dosé le CO^2 en le recueillant au moyen d'appareils qui causaient une gêne de la respiration. Celle-ci se traduit invariablement par un changement de la tension du CO^2 dans l'air résiduel. Détermine-t-on le volume de CO^2 exhalé durant quelques minutes seulement, les résultats sont de nature à donner des idées très fausses sur la quantité de CO^2 produite dans l'organisme pendant la durée de l'expérience. Si l'on dose en même temps l'oxygène et le CO^2, le quotient respiratoire se trouvera modifié, et il semblera que les phénomènes de désassimilation se passent tout autrement que ce n'est le cas en réalité. Cette circonstance a dû être la cause principale des variations subites et étendues, signalées dans la valeur du quotient respiratoire.

En ce qui concerne l'oxygène absorbé, un changement de la ventilation produit aussi un trouble passager, mais incomparablement moins accentué que pour CO^2. Cela tient aux propriétés chimiques de la combinaison de l'oxygène avec l'hémoglobine. On sait qu'aux tensions normales de l'oxygène dans l'air des vésicules, l'hémoglobine du sang est presque saturée de ce gaz. Aussi, quand la ventilation devient plus active, en dépit de la tension plus forte de l'oxygène dans l'air résiduel, l'hémoglobine ne peut fixer qu'une faible quantité de ce gaz, parce qu'elle se trouve bientôt saturée; le sang ne peut fixer en plus, de cette façon, que 1 à 2 p. 100 d'oxygène. Le phénomène inverse se fait sentir dans les mêmes limites quand on retourne à la ventilation normale. Ceci nous montre que la chance de commettre une erreur est bien moindre avec l'oxygène qu'avec le CO^2 quand il s'agit de mesurer, pendant une courte période, la désassimilation.

Il ne faut pas se hâter d'utiliser les indications fournies par les échanges gazeux pour juger de la nature des phénomènes chimiques dont l'organisme est le siège avant de s'être assuré que des troubles, causés simplement par la mécanique respiratoire, ne sont pas en jeu. Autrefois, on pensait qu'à certains moments l'organisme absorbait de l'oxygène sans exhalation correspondante de CO^2, c'est-à-dire emmagasinait de l'oxygène pour dégager plus tard de l'acide carbonique sans absorption parallèle d'oxygène. Ainsi, pendant le sommeil, il devait se produire une accumulation d'O dans l'économie; Voit lui-même, l'auteur de cette théorie, a dû reconnaître qu'elle reposait sur des expériences défectueuses. On trouvera, au contraire, dans les travaux que nous avons cités, la preuve que, à l'état normal, la production de CO^2 et la consommation d'O dans le corps des animaux à température constante suivent une marche régulière et parallèle. Il existe un cas dans lequel le quotient respiratoire peut s'élever beaucoup au-dessus de l'unité, c'est quand l'animal accumule de grandes quantités de graisses formées aux dépens des hydrates de carbone de la ration. Ce cas spécial n'a pas encore été suffisamment étudié, nous n'aurons d'ailleurs pas à nous en occuper ici.

Quand la valeur du quotient respiratoire $\left(\frac{CO^2}{O}\right)$, déterminée à l'aide d'un appareil à respiration avec toutes les précautions nécessaires, aura prouvé que les substances en voie de désassimilation parcourent rapidement le cycle de leurs transformations pour se résoudre en produits ultimes (CO^2, H^2O, urée, ..), il sera aisé d'évaluer les échanges gazeux au moyen des échanges dynamiques. Que l'on veuille bien se reporter au tableau précédent (p. 13) et comparer les quantités d'énergie dégagées correspondant à 1 gramme d'oxygène absorbé par les diverses substances nutritives, on voit qu'elles diffèrent peu les unes des autres : la différence est extrême entre le sucre de canne et la matière albuminoïde insoluble du muscle, elle atteint 15 p. 100; entre la graisse et la matière albuminoïde, la différence est faible, au contraire. Ainsi, quand les divers éléments nutritifs s'oxydent pour fournir les mêmes produits ultimes que dans l'organisme, ils dégagent, pour 1 gramme d'oxygène consommé, des quantités d'énergie peu différentes, ou réciproquement le dégagement d'une même quantité d'énergie correspond à l'absorption de quantités d'oxygène assez voisines. Si nous ajoutons que dans l'organisme la désassimilation porte en général sur un mélange des divers éléments nutritifs, nous pourrons dire qu'*à l'absorption dans l'organisme de quantités égales d'oxygène correspond un dégagement sensiblement égal d'énergie.*

Pour ce qui concerne l'acide carbonique, on voit qu'il n'est pas possible de formuler la même règle. La différence maximum atteint presque le double de celle signalée pour l'oxygène; de plus, l'écart entre la graisse et les albuminoïdes est très accentué, et ces composés sont justement les principales matières organiques constituantes du corps. En prenant l'acide carbonique exhalé par l'organisme pendant un temps donné pour mesure des échanges dynamiques, l'erreur commise peut atteindre le double de celle constatée quand on utilise l'oxygène dans le même but. Cette cause d'infériorité du CO^2 vis-à-vis de l'oxygène s'ajoute à celle que nous avons déjà indiquée à propos de la mécanique respiratoire.

Faisons encore une remarque avant de quitter ce sujet. On sait que Wolff, dans le calcul des rations et pour transformer la graisse en son équivalent d'hydrate de carbone, multipliait *autrefois* le poids de cette substance par le facteur 2.4, parce que la graisse a besoin pour s'oxyder d'une quantité d'oxygène environ 2.4 fois plus grande que la matière hydrocarbonée. A cela on a fait observer avec beaucoup de justesse que l'oxygène n'étant nullement la cause de la désassimilation, cette méthode d'évaluer la graisse en matière hydrocarbonée n'avait pas de fondement scientifique. Mais, à cause de la relation accidentelle dont nous avons parlé plus haut et d'après laquelle les différents éléments nutritifs absorbent des quantités d'oxygène peu différentes pour produire la même somme d'énergie (ce qui revient à dire que des poids égaux de ces diverses substances ont besoin pour brûler de quantités d'oxygène à peu près proportionnelles à leur teneur en énergie), le facteur 2.4 a pris une signification nouvelle, la seule dans laquelle Wolff l'emploie maintenant, depuis qu'ont paru les recherches calorimétriques. 1 gramme de graisse peut développer en effet à peu près 2.4 fois plus d'énergie que 1 gramme de matière hydrocarbonée ou que 1 gramme de matière albuminoïde. Ainsi, en multipliant le poids de graisses digestibles par 2.4, on obtient un chiffre représentant le poids de matière hydrocarbonée ou d'albuminoïdes assimilables qui serait nécessaire pour dégager autant d'énergie que la graisse. Pour qu'en opérant ainsi on attribuât une juste valeur à la graisse par comparaison avec les albuminoïdes et les hydrates de carbone, il suffirait que la loi des substitutions isodynamiques, constatée pendant le jeûne, fût aussi applicable quand l'animal reçoit des aliments. Nous verrons qu'en réalité les phénomènes ne sont pas aussi simples; mais il était bon néanmoins de faire remarquer que le facteur 2.4 avait complètement perdu sa signification première et que son acception nouvelle n'a rien de chimérique.

Nous abordons maintenant l'examen des relations entre les échanges matériels et les échanges dynamiques de l'animal nourri.

La loi des substitutions isodynamiques quand l'animal reçoit des aliments; notion du travail digestif; valeur nutritive d'un aliment.

Que devient la loi des substitutions isodynamiques constatée pendant le jeûne quand l'animal reçoit de la nourriture? Les recherches de Mering et Zuntz (1), de leurs élèves

(1) Von Mering et Zuntz. In wiefern beeinflusst Nahrungszufuhr die thierischen Oxydationsprocesse. *Pflüger's Archiv*, t. XXXII, p. 173.

Wolfers[1] et Potthast[2], d'une part, celles de Rubner[3], d'autre part, vont nous permettre de répondre à cette question. Commençons par les travaux de Mering et Zuntz.

Nous avons vu que chez l'animal à l'état de jeûne les échanges nutritifs présentent une remarquable régularité. L'énergie dépensée est fournie exclusivement par l'oxydation complète de la graisse et des matières albuminoïdes suivant des poids dont le rapport varie très peu. Par suite, les quantités d'oxygène absorbé et d'acide carbonique produit pendant des périodes de temps égales sont constantes, si ces périodes sont assez rapprochées pour que le poids vif et la teneur du corps en matière azotée n'aient pas diminué sensiblement. Est-ce que cette régularité dans les échanges gazeux se maintient quand on observe seulement des périodes de peu de durée (un quart d'heure à une demi-heure)? L'expérience montre qu'il en est bien ainsi, à la condition que toutes choses soient égales d'ailleurs, c'est-à-dire que l'influence des variations de la température et des mouvements musculaires soit exclue. Ces deux facteurs sont, en effet, les seuls qui agissent d'une façon marquée sur les échanges nutritifs pendant l'abstinence.

Voici comment Mering et Zuntz ont prouvé ce premier point. Pour écarter l'influence des variations thermométriques, les animaux en expérience sont immergés dans un bain à température constante (37 degrés). Pour ce qui concerne les mouvements musculaires, on s'assure par l'observation directe que l'animal reste en repos, c'est-à-dire que pratiquement on rejette les expériences quand cette condition n'est pas remplie. Les animaux trachéotomisés et soumis à une ventilation artificielle très régulière ont alors leur trachée reliée à l'appareil à respiration de Röhrig et Zuntz. Cet appareil permet de doser les gaz de la respiration, O et CO^2, pendant des périodes de durée égale (un quart d'heure, par exemple) qui se succèdent sans interruption. Dans ces conditions, on constate que les échanges gazeux d'un animal soumis au jeûne conservent la même valeur durant les différentes périodes, en même temps que le quotient respiratoire $\left(\frac{CO^2}{O}\right)$ ne varie pas pour le même animal et présente des valeurs correspondant à l'oxydation complète des matières désassimilées pendant le jeûne (matières albuminoïdes, graisses). La consommation de l'oxygène, qui ne varie pas, montre donc bien ici que les échanges dynamiques sont constants.

Cela posé, les deux physiologistes ont recherché l'influence exercée sur les échanges nutritifs et le quotient respiratoire des animaux à jeun par l'injection dans le courant sanguin des principaux éléments nutritifs (peptones, glucose, saccharose, etc.) à l'état de solution. Ces substances étaient injectées d'une façon lente et continue par l'intermédiaire d'une petite veine, pour imiter ce qui se passe dans l'absorption intestinale. Il faut d'ailleurs procéder ainsi, si l'on veut éviter que la substance soit éliminée par les reins. Une expérience comprend trois séries de périodes égales durant lesquelles on dose l'oxygène absorbé et le CO^2 produit. La première série permet de s'assurer que l'animal conserve pendant plusieurs périodes consécutives des échanges gazeux et un quotient respiratoire constants. La deuxième série commence alors; la substance nu-

(1) Wolfers. *Pflüger's Archiv*, t. XXXII, p. 222.

(2) Potthast. *Pflüger's Archiv*, t. XXXII, p. 280.

(3) Rubner. Die Vertretungswerke der hauptsächlichsten organischen Nahrungstoffe im Thierkörper. *Zeitschrift für Biologie*, t. XIX, Heft 3, 1883. — Beiträge zur Lehre vom Kraftwechsel; *Sitzungsbericht der kgl. bayerischen Akademie*, 1885, Heft 4. — Uber die tägliche Variation der Kohlensaüreausscheidung bei verschiedener Ernahrungweise. *Festschrift von Ludwig*, 1887.

tritive à étudier est injectée comme il a été dit plus haut. Enfin la troisième série débute au moment où l'on termine l'injection; on continue à observer les échanges gazeux et le quotient respiratoire. Les résultats obtenus ont été les suivants :

1° Durant les périodes de la deuxième série (périodes d'injection), la quantité d'oxygène absorbé a été égale ou très peu supérieure aux chiffres observés pendant les périodes de la première et de la troisième série. En un mot, la quantité d'oxygène absorbé en un temps donné n'a pas varié pendant toute la durée de l'expérience.

2° Le quotient respiratoire a varié dès le commencement de l'injection, pour reprendre, peu de temps après la fin de celle-ci, une valeur égale à celle qu'il présentait pendant les périodes de la première série. La variation du quotient respiratoire s'est toujours manifestée de telle façon que celui-ci s'est approché du quotient respiratoire théorique de la substance injectée.

Les variations du quotient respiratoire nous montrent que la substance injectée a été brûlée. Si le quotient respiratoire de l'animal ne prend pas exactement la valeur du quotient théorique, c'est simplement parce qu'une certaine quantité des matériaux de l'organisme se désassimile en même temps. Le retour rapide du quotient respiratoire à sa première valeur, après la fin de l'injection, indique que la plus grande partie de la substance s'est trouvée oxydée au fur et à mesure de son introduction dans l'organisme. Mais, si la substance injectée a été oxydée, elle a dû fixer une partie de l'oxygène absorbé par l'organisme. Comme la quantité d'oxygène consommé n'a pas varié, il en résulte qu'un moindre volume de ce gaz s'est combiné aux matières constituantes du corps, ou, ce qui revient au même, que ces matières ont été désassimilées en quantités plus petites que pendant les périodes qui ont précédé ou suivi celles de l'injection. La substance injectée a donc préservé de l'oxydation une certaine quantité des composés organiques des tissus à laquelle elle s'est substituée. De plus, la consommation de l'oxygène n'ayant pas varié, les échanges dynamiques ont été constants; la quantité d'énergie produite en un temps donné a été la même avant et pendant l'injection. Il faut que l'énergie dégagée pendant l'injection par la substance introduite dans le courant sanguin ait été précisément égale à celle qu'auraient développée les quantités de matériaux organiques du corps préservés de l'oxydation par cette substance. La substitution entre la substance injectée et les composés organiques de l'économie (matières albuminoïdes, graisses) s'est effectuée suivant des poids capables de dégager la même somme d'énergie, c'est-à-dire suivant des poids isodynamiques. *La loi des substitutions isodynamiques s'applique également aux principaux éléments nutritifs (peptones, glucose. . .) lorsque ceux-ci sont introduits directement dans le courant sanguin.*

Nous avons vu déjà que l'organisme règle l'absorption de l'oxygène d'après ses besoins éventuels et non d'après la quantité de gaz dont il peut disposer; nous constatons qu'il se comporte de même à l'égard des aliments.

Que se passera-t-il maintenant quand ces mêmes éléments nutritifs doivent passer par le tube digestif avant de gagner la circulation générale? Mering et Zuntz ont résolu cette question par des expériences semblables à celles que nous venons de rapporter; il leur a suffi d'introduire ces substances dans l'estomac au lieu de les injecter dans une veine. Dans ce cas, les résultats ont été modifiés. Les quotients respiratoires se sont comportés comme dans le cas précédent, prouvant ainsi que les substances introduites dans l'estomac étaient brûlées; mais les quantités d'oxygène consommées durant l'oxydation de ces substances se sont montrées bien supérieures à celles des périodes qui précédaient. Sans doute l'absorption de l'oxygène ne s'est pas élevée à tel point que les éléments nutritifs n'aient nullement préservé de l'oxydation les matières constituantes du corps. Seulement, cette fois, il ne peut plus être question de substitutions isodynamiques; la loi se trouve masquée par un phénomène secondaire.

Ce résultat est d'accord avec ce que les physiologistes, depuis Lavoisier, avaient observé : c'est que l'alimentation a pour conséquence une élévation des échanges nutritifs. Mais la différence constatée par Mering et Zuntz, quand on injecte les éléments nutritifs dans le sang et quand on les introduit dans l'estomac, a permis à ces auteurs d'envisager cette élévation d'une façon nouvelle et d'asseoir solidement *la notion du travail digestif.* Le fait brut qu'on avait observé jusque-là était le suivant : plus les animaux absorbent d'aliments, plus ils en désassimilent; de là ce qu'on a appelé *la théorie de la consommation de luxe.* Mering et Zuntz, au contraire, ont montré qu'un apport d'éléments nutritifs, à la condition d'être effectué directement dans le sang, n'élevait pas par lui-même la désassimilation; l'apport d'éléments nutritifs n'est donc pas la véritable cause de l'élévation des échanges. C'est pourquoi ils ont rapporté celle-ci au travail de l'appareil digestif qui se trouve excité par les aliments. Le travail de digestion, dans le cas simple qui nous occupe, comprend la péristaltique de l'intestin et le travail de sécrétion des sucs digestifs; il a pour mesure, au point de vue dynamique, la différence entre l'énergie dépensée pendant que son influence s'exerce et celle dégagée pendant le jeûne.

Ainsi la loi des substitutions isodynamiques se trouve pour ainsi dire masquée par le travail de la digestion; mais elle conserve toute son importance au point de vue de la nutrition. Les éléments nutritifs, parvenus dans la circulation générale, ont la propriété de se substituer aux matières organiques du corps suivant des poids isodynamiques pour subvenir aux dépenses de l'animal.

Rubner a exécuté de très belles recherches sur la loi des substitutions isodynamiques. Seulement cet expérimentateur a combattu d'abord les vues de Mering et Zuntz sur le travail de digestion; plus tard, ses propres recherches en ont confirmé l'exactitude. A cause de l'importance du sujet, nous entrons dans quelques détails.

Rubner prétendait que le travail de la digestion ne pouvait être la cause de l'augmentation des échanges nutritifs constatée après les repas; il basait son assertion sur les trois observations suivantes :

1° Un animal qui consomme de la graisse seule conserve des échanges nutritifs à peu près constants; il n'y a donc pas trace de travail de digestion;

2° Il en est de même quand un chien consomme des os;

3° Lorsque l'animal ne reçoit que juste assez d'éléments nutritifs pour suspendre les pertes qu'il éprouve pendant le jeûne, autrement dit lorsqu'il est soumis à la ration d'entretien, les échanges nutritifs, déterminés en bloc pour 24 heures, varient très peu. Si l'animal reçoit au contraire une ration plus abondante, la désassimilation s'élève, et la cause en est dans l'excès de nourriture et non dans le travail digestif. Nous sommes ainsi ramenés à la consommation de luxe.

Pour précises que soient ces objections adressées à Mering et Zuntz, elles ne sont cependant pas valables.

Les deux premières expériences exécutées avec la graisse et les os doivent leurs résultats à la nature spéciale des substances considérées. Les recherches de Voit avaient déjà mis en lumière que la graisse consommée n'élève pas sensiblement les dépenses de l'organisme. Rubner, dans des expériences ultérieures, arriva encore au même résultat; toutefois, comme il examinait les échanges gazeux par périodes successives de 3 heures après que la graisse avait été consommée, il put constater une augmentation passagère de l'acide carbonique exhalé. Ceci montre que le travail de digestion est sinon nul, du moins très faible pour la graisse, mais ne prouve rien pour les autres substances, telles que les matières albuminoïdes et les hydrates de carbone.

En ce qui concerne les os, que Rubner avait fait consommer par un chien afin d'exciter la péristaltique intestinale, s'ils sont restés sans effet, c'est que, désagrégés peu à peu, ils progressent très lentement dans l'intestin sans produire d'excitation notable. A cette expérience on peut d'ailleurs en opposer une autre de Ad. Lœwy[1] exécutée sur l'homme au laboratoire de l'Institut agronomique de Berlin, et qui a l'avantage de prouver que, indépendamment de toute nourriture, on peut provoquer le travail de la digestion. Après avoir introduit dans le tube digestif des substances laxatives (sulfate de soude ou de magnésie, par exemple), Lœwy a constaté que l'excitation produite par ces substances sur les parois de l'intestin avait pour résultat d'élever de plus de 30 p. 100 les échanges nutritifs.

Enfin est-il réel que les échanges nutritifs ne s'élèvent point quand l'animal reçoit une somme d'aliments inférieure ou au plus égale à ce qui est nécessaire pour son entretien? Rubner donnait à ses animaux des aliments simples, substance azotée du muscle, sucre de canne, glucose, graisse, et trouvait que les échanges, déterminés en bloc pour 24 heures, restaient les mêmes que pendant le jeûne. Il arrivait donc aux résultats que Mering et Zuntz avaient obtenus en introduisant les substances nutritives dans le courant sanguin. Cependant Rubner répéta plus tard ses essais sur la matière albuminoïde et, bien qu'il n'en eût pas fait consommer à l'animal plus qu'il n'était nécessaire pour son entretien, il vit les échanges nutritifs s'élever de 3 p. 100 pour 24 heures. Cette augmentation n'est pas très forte, mais il faut songer qu'elle se trouve répartie sur une longue période de 24 heures. Dans les expériences de Mering et Zuntz, l'élévation due au travail digestif se faisait sentir d'une façon bien plus accentuée, parce qu'elle était rapportée à une période beaucoup plus courte. La méthode employée par Rubner, très exacte d'ailleurs, a pour résultat d'atténuer pour ainsi dire l'effet du travail digestif, qui ne masque plus alors les importantes relations exprimées par la loi des substitutions isodynamiques. On conçoit ainsi que Rubner ait considéré cette loi comme rigoureusement applicable au cas de l'animal soumis à la ration d'entretien; mais qu'au lieu d'éléments nutritifs simples, on fasse consommer des aliments ordinaires, et l'on verra que, même pour le cas d'une alimentation d'entretien, le travail digestif élève les dépenses de l'organisme dans une proportion qui n'est pas négligeable.

Ces réserves faites, disons un mot des importants travaux de Rubner sur les valeurs de substitution des principaux éléments nutritifs dans l'économie. Ce physiologiste part de l'état de jeûne pendant lequel les échanges nutritifs rapportés à 1 kilogramme de poids vif sont constants, pourvu que les influences extérieures restent invariables. En déterminant les échanges pour une période de 24 heures, on peut donc prévoir ce qu'ils seront dans la période suivante d'égale durée. Si alors, au lieu de laisser jeûner l'animal durant cette seconde période, on lui fait absorber un certain poids d'un élément nutritif, matière albuminoïde, graisse, sucre de canne, glucose, on

(1) *Pflüger's Archiv*, t. XLIII, p. 515.

pourra juger de l'influence exercée par cette substance sur les échanges et calculer les poids de matières organiques du corps (graisse et matière azotée) préservés de l'oxydation par la substance consommée. En procédant ainsi et en déterminant les échanges matériels par le dosage de l'azote et du carbone dans les urines et les excréments, ainsi que par celui de l'acide carbonique exhalé au moyen du petit appareil à respiration de Voit, Rubner arrive à la conclusion que la matière albuminoïde, la graisse, le sucre de canne, la glucose, l'amidon se substituent, soit entre eux, soit aux matières organiques du corps, suivant des poids isodynamiques. Le tableau suivant résume les résultats obtenus rapportés à 100 de graisse :

SUBSTANCES.	VALEURS DE SUBSTITUTION trouvées par l'expérience directe sur l'animal.	POIDS ISODYNAMIQUES d'après les données du calorimètre.
Graisse	100	100
Albumine	211	201
Amidon	232	221
Sucre de canne	234	231
Glucose	256	243

Plus tard, après avoir exécuté ses recherches calorimétriques, Rubner fit quelques expériences nouvelles et donna finalement les valeurs suivantes :

SUBSTANCES.	VALEURS DE SUBSTITUTION trouvées par l'expérience sur l'animal.	POIDS ISODYNAMIQUES d'après les données du calorimètre.
Graisse	100	100
Syntonine	225	213
Amidon	232	229
Sucre de canne	234	235
Glucose	256	255

On voit que les valeurs de substitution trouvées par l'expérience sont singulièrement voisines des nombres qui expriment les poids isodynamiques de ces substances.

Dans d'autres expériences, Rubner alimenta les animaux (chiens) avec ces mêmes éléments nutritifs, mais en quantités supérieures à celles nécessaires à leur entretien. Cette fois le travail de digestion se fit sentir d'une façon très marquée; voici quelques données :

SUBSTANCES.	QUANTITÉ DE CHALEUR nécessaire à l'animal pendant le jeûne en calories pour 24 heures.	VALEUR CALORIQUE de la NOURRITURE consommée. Calories.	VALEUR CALORIQUE des ÉLÉMENTS nutritifs désassimilés (pendant 24 heures). Calories.	LA QUANTITÉ DE CHALEUR mise à la disposition de l'animal excède les besoins en p. 100.	LA PRODUCTION DE CHALEUR s'élève les jours de nourriture par rapport aux jours de jeûne en p. 100.
Albumine............	944	1549	1131	55	19.7
Graisse..............	944	1549	1009	55	6.8
Hydrate de carbone.....	944	1549	1040	55	10.2

Les chiffres de la dernière colonne donnent la mesure du travail digestif; on voit qu'il est minimum pour la graisse et maximum pour l'albumine. Rubner a observé de plus que, pour l'albumine au moins, le travail de digestion croît fortement avec la quantité consommée.

Il est bon de faire remarquer que, dans ce cas d'une alimentation surabondante, l'élévation des échanges correspond non seulement au travail de digestion proprement dit, mais encore au travail éventuel de transformation des aliments en matière de réserve, par exemple des matières albuminoïdes ou des hydrates de carbone en graisses.

L'énergie dégagée sous forme de chaleur par suite du travail physiologique de la digestion a un caractère excrémentitiel; elle ne peut plus être utilisée par l'organisme, qui, à jeun et au repos, produit déjà une quantité de chaleur suffisante au maintien de sa température. Il en résulte que si l'on veut définir la valeur nutritive d'un aliment au point de vue dynamique, il ne faudra pas tenir compte de cette chaleur résiduelle. On dira : *La valeur nutritive d'un aliment a pour expression numérique la valeur thermogène des éléments nutritifs assimilables qu'il fournit à l'organisme, diminuée de la quantité d'énergie correspondant au travail de digestion causé par cet aliment.* La valeur nutritive d'un aliment ne se trouve donc pas mesurée par l'énergie totale qu'il dégage dans l'organisme, mais seulement par la partie de cette énergie que ce dernier peut utiliser.

Ce travail de digestion est d'ailleurs variable non seulement pour les éléments nutritifs simples, tels que la matière albuminoïde, les graisses, l'amidon, etc., mais encore suivant les substances alimentaires (graines, foin) dans lesquelles ils sont contenus. En admettant qu'on donne à un animal la même somme de principes assimilables une première fois sous forme d'aliment concentré, une autre fois sous forme d'aliment grossier, le travail de digestion et par suite la valeur nutritive ne seront pas les mêmes dans les deux cas. Pour qu'une même quantité de principes assimilables capables de dégager la même somme d'énergie, mais contenus dans des aliments différents, pussent être considérés comme rigoureusement équivalents, il faudrait que le travail de digestion de ces deux aliments fût également le même. Ainsi les immenses travaux exécutés sur la digestibilité, soit par l'essai direct sur l'animal, soit par la méthode de digestion artificielle (Stutzer, Pfeiffer), ne suffisent point à nous renseigner sur la valeur nutritive des substances alimentaires. Il reste une tâche plus difficile encore, comme l'indiquait M. Zuntz dès 1879[1], c'est la recherche du travail de diges-

[1] *Landwirthschaftliche Jahrbücher*, 1879, p. 65.

tion qui permettra de déterminer l'énergie réellement utilisable que l'organisme peut retirer des aliments; elle semble ne pouvoir être exécutée avec certitude que par l'établissement du bilan complet des échanges nutritifs, c'est-à-dire par des expériences analogues à celles instituées jadis par Henneberg et Stohmann sur les grands mammifères domestiques, ou encore par la méthode de MM. Zuntz et Lehmann, sur laquelle nous reviendrons dans la deuxième partie de cette étude.

De la loi des substitutions isodynamiques et de la notion du travail digestif, il résulte que les tissus règlent leur dépense sur leurs besoins et non pas sur l'abondance plus ou moins grande des aliments qui leur sont offerts. Aussi, quand la nourriture sera plus que suffisante pour couvrir les pertes (y compris le travail de digestion), l'organisme devra emmagasiner l'excès d'aliments sous forme de réserves. Les lois suivant lesquelles s'opère la désassimilation de la matière azotée dans l'organisme pourraient sembler en contradiction avec la conséquence que nous venons de tirer. On sait, en effet, que la quantité de matière azotée désassimilée par un animal dépend avant tout du poids de cette matière contenu dans sa nourriture. Si élevé que soit ce dernier, l'organisme se met bientôt en équilibre d'azote, c'est-à-dire qu'il désassimile autant de matière azotée qu'il en absorbe. Il semble donc qu'il y ait là une véritable consommation de luxe. Cependant l'emploi de l'appareil à respiration a permis à Voit de montrer que la matière albuminoïde détruite en excès laissait dans l'économie un reste riche en carbone qui contribue plus ou moins directement à augmenter la réserve de graisse. De même les hydrates de carbone peuvent se transformer en graisse dans le corps de l'animal. Cette substance est la forme par excellence sous laquelle l'organisme emmagasine l'énergie des substances contenues dans une nourriture surabondante. Le glycogène fait bien aussi l'office d'une réserve; mais ce composé ne peut exister dans le corps qu'en quantité strictement limitée. Il serait, au contraire, bien difficile d'indiquer une limite que la graisse ne saurait franchir. Celle-ci est d'ailleurs très propre à servir de réserve, puisque sous un poids faible elle contient beaucoup d'énergie potentielle. D'accord avec ce que nous disions au sujet de la désassimilation de la matière azotée, Kern et Wattenberg[1] ont montré qu'une fois l'âge adulte atteint, l'organisme ne peut guère augmenter son poids de matière azotée; si le poids vif augmente, c'est surtout de la graisse qui s'accumule (Lawes et Gilbert).

Nous avons beaucoup insisté sur la loi des substitutions isodynamiques parce que, mieux que toute autre considération, elle explique comment des rations diversement composées peuvent avoir un même effet nutritif. Lawes et Gilbert, Wolff ont constaté qu'il en pouvait être ainsi avec des rations dans lesquelles la relation nutritive et par suite la quantité de matière azotée variait du simple au double, pourvu que la somme totale des principes assimilables, exprimée par les quantités d'énergie que ceux-ci contiennent, restât la même. Les matières non azotées (graisses, hydrates de carbone) peuvent donc être substituées dans une assez large mesure à la matière azotée de la ration sans que l'effet nutritif en souffre. La relation nutritive n'en conserve pas moins une grande importance; ces substitutions reconnaissent en effet des limites; il est établi que l'organisme ne saurait subvenir à ses besoins, s'entretenir, sans consommer un minimum de matière albuminoïde; on n'est toutefois pas d'accord sur la valeur de ce

[1] Kern et Wattenberg. Über den Verlauf und die Zusammensetzung der Körpergewichtzunahme... etc., *Journal für Landwirthschaft*, t. XXVIII.

minimum. Nous verrons d'ailleurs, à propos des phénomènes de fermentation dont le tube digestif est le siège, que des considérations d'ordres divers servent à déterminer la quantité de matière azotée que peut contenir utilement la ration.

Enfin nous trouverons une application importante de la loi des substitutions isodynamiques en étudiant la production du travail musculaire. Nous verrons, en effet, que la matière albuminoïde, la graisse, les hydrates de carbone sont aptes à fournir l'énergie nécessaire à la contraction du muscle, et que dans ce but ces substances ont la propriété de se substituer les unes aux autres suivant des poids isodynamiques. La loi des substitutions apparaît donc comme la relation la plus générale qui lie les échanges matériels aux échanges dynamiques.

Nous passons maintenant à une autre question concernant la valeur nutritive de la cellulose, cette substance qui joue un si grand rôle dans la digestion des herbivores.

Importance des phénomènes de fermentation dans le tube digestif des herbivores; leur influence sur la valeur nutritive des aliments, en particulier de la cellulose.

La valeur nutritive d'un aliment se laisse exprimer, comme nous l'avons vu, par la valeur thermogène des produits assimilables qu'il fournit à l'organisme diminuée du travail de digestion. Cette évaluation suppose donc que les produits digestibles sont connus. Pour déterminer la quantité des éléments digérés, on dose les matières albuminoïdes, les graisses et les hydrates de carbone dans les aliments et dans les déjections. Reste à savoir si les substances qu'on ne retrouve plus dans les excréments pénètrent dans la circulation générale sans avoir subi de modifications profondes; le plus souvent, c'est bien ainsi que les choses se passent. On sait, en effet, que les savons et les peptones, produits d'hydratation des graisses et de la matière albuminoïde, se régénèrent en ces dernières substances tandis qu'ils traversent les parois de l'intestin. Mais il existe une exception importante qui intéresse surtout les herbivores et qui provient des phénomènes de fermentation auxquels se trouvent soumis les aliments dans le tube digestif. La cellulose, un hydrate de carbone, subit des modifications telles, qu'on ne saurait apprécier sa valeur nutritive par les seules considérations développées jusqu'ici.

En général, chez les carnivores, et même chez les omnivores les phénomènes de fermentation prennent peu de développement dans le tube digestif, parce que les aliments n'y séjournent pas un temps bien long et que l'acide chlorhydrique, grâce à ses propriétés antiseptiques, suspend presque complètement l'activité des microorganismes parvenus dans l'estomac avec les substances alimentaires. Il en est tout autrement chez les herbivores et en particulier chez les ruminants; les phénomènes de fermentation ont été étudiés chez ces animaux par Tappeiner[1] surtout, qui en a fait le sujet de très belles études.

Wildt avait déjà pu établir que les parties du tube digestif où se dissolvait la plus forte proportion de la cellulose digestible étaient précisément celles où les aliments séjournaient le plus longtemps sans être soumis à l'action d'un suc digestif spécial. C'est ainsi que chez les ruminants, dans les trois premières chambres de l'estomac et le cœcum, se trouvaient attaquées les plus fortes quantités de cellulose. D'autre part, tous les

[1] Tappeiner. — Untersuchungen über die Gährung der Cellulose, insbesondere über deren Lösung im Darmkanal. *Zeitschift für Biologie*, t. XX. Untersuchungen über die Eiweissfäulnisz im Darmkanal der Pflanzenfresser. *Zeitschrift für Biologie*, t. XX.

essais tentés pour découvrir un produit de sécrétion capable d'agir sur la cellulose étaient restés sans résultats. La présence du gaz des marais dans le tube digestif des herbivores était d'ailleurs connue, et comme ce dernier gaz prend naissance en grande quantité dans les fermentations putrides à l'abri de l'oxygène qu'on observe par exemple sur le fond vaseux des marais, on attribua aussi la dissolution de la cellulose pendant la digestion à une fermentation analogue causée par des microorganismes.

Les travaux de Tappeiner vinrent confirmer cette idée. Tappeiner constata que si l'on prend une certaine masse du contenu de la panse et qu'on la soumette à l'action du chloroforme, la cellulose n'est plus dissoute, tandis qu'au contraire la dissolution de la cellulose se poursuit quand ce contenu est placé dans un appareil à fermentation dont la température est convenable. Tappeiner institua alors des expériences sur la cellulose préparée avec du papier; celle-ci fut infectée avec une parcelle du contenu de la panse. On constata qu'il s'établissait une fermentation caractérisée par la dissolution de la cellulose et la production de gaz des marais. En comparant la proportion des gaz développés lors de cette fermentation artificielle avec celle des gaz puisés dans la panse elle-même, Tappeiner trouva une remarquable concordance, ainsi que le prouvent les chiffres suivants :

	FERMENTATION DU PAPIER.	GAZ DE LA PANSE.	
		BŒUF.	CHÈVRE.
CO^2 et H^2S en petite quantité	76.98	75.49	75.24
Gaz des marais (CH^4)	23.0	23.27	24.53

De plus, les produits non gazeux de la fermentation sont les mêmes pour le papier et pour le contenu de la panse : ce sont surtout des acides organiques, acides acétique, butyrique et en petite proportion de l'acide propionique et une aldéhyde. Des résultats analogues furent obtenus en examinant les produits de fermentation du cœcum du cheval et du gros intestin des ruminants. Pour ces derniers, Tappeiner considère la fermentation dans l'intestin comme une suite de celle qui a pris place dans la panse et qui a été seulement interrompue par le passage des aliments dans la caillette. Comme la quantité de gaz des marais dégagée par la fermentation des albuminoïdes dans le tube digestif est peu élevée, Tappeiner put prendre ce gaz comme mesure du poids de cellulose détruit par la fermentation et constata qu'il correspondait exactement à la cellulose digestible, autrement dit que les microorganismes sont la seule cause de la digestion de cette substance.

Il existe une fermentation de la cellulose différente de celle considérée jusqu'ici; elle livre de l'hydrogène à la place de CH^4; mais les autres produits sont les mêmes, du CO^2 et des acides gras volatils. Elle se rencontre dans l'estomac du cheval. La structure anatomique de l'estomac des solipèdes explique la possibilité d'une fermentation dans cette partie du tube digestif. On sait qu'une moitié seulement, la plus rapprochée du pylore, est munie de glandes à pepsine, tandis que l'autre moitié en est dépourvue; dans cette dernière a lieu la fermentation qui n'y est point entravée par l'acide chlorhydrique; elle est beaucoup moins importante que celle du cœcum.

C'est le lieu d'insister sur les différences anatomiques entre l'appareil digestif des ruminants et celui des solipèdes au point de vue des phénomènes de fermentation, parce qu'elles ont pour l'alimentation des conséquences dignes d'intérêt.

Chez les herbivores, la fermentation de la cellulose s'effectue surtout dans les grands réservoirs formés par les évaginations du tube digestif. Les ruminants ont ces réservoirs placés vers le commencement du tube digestif. Ce sont les trois premières chambres de l'estomac et, avant tout, la panse. Aussi dès que les aliments ont été absorbés, les fermentations se produisent. Dans la panse, Tappeiner a reconnu deux fermentations distinctes : 1° celle de la matière albuminoïde; 2° celle de la cellulose et des autres hydrates de carbone (amidon, sucres). La première est peu importante; elle se manifeste par la formation d'une petite quantité de peptones. Elle est d'ailleurs en raison inverse de la seconde, c'est-à-dire d'autant moindre que celle de la cellulose et des autres hydrates de carbone est plus intense. Quant à la quantité de cellulose dissoute, elle varie, comme l'ont prouvé les expériences de Henneberg et Stohmann, avec la quantité des autres hydrates de carbone qui l'accompagnent dans la ration. Quand celle-ci augmente, le poids de cellulose dissoute diminue; de là la dépression de la digestibilité de la cellulose causée par le sucre. C'est le phénomène connu sous le nom de *loi de compensation de Henneberg* : la quantité de cellulose dissoute est d'autant plus grande que le poids des autres hydrates de carbone de la ration est moindre. Cette dépression de la digestibilité de la cellulose entraîne également une dépression de la digestibilité de la matière azotée et de la graisse des aliments. Voici comment : une partie de la matière albuminoïde et des graisses, en dépit de la mastication, reste enfermée dans les cellules végétales. Si la membrane de cellulose n'est pas dissoute, ces substances sont inaccessibles aux sucs digestifs. C'est là l'explication de la dépression de la digestibilité observée quand on ajoute à la ration du sucre ou des aliments riches en matières hydrocarbonées facilement solubles, tels que les pommes de terre et les betteraves.

Chez les solipèdes, les choses se passent d'une façon sensiblement différente. La cellulose n'est dissoute qu'en proportion minime à l'entrée du canal digestif. Le grand réservoir dans lequel se passe la fermentation de la cellulose est à l'autre extrémité, c'est le cœcum (30 litres). Il en résulte que les éléments nutritifs enveloppés par la cellulose ne sont qu'imparfaitement digérés par le cheval. Ainsi, chez les solipèdes, la cellulose est dissoute à la fin du tube digestif; chez le bœuf, au contraire, à l'entrée. Chacune de ces deux dispositions présente à la fois ses avantages et ses inconvénients.

Chez les ruminants, les parois des cellules végétales sont ouvertes avant que les aliments parviennent dans les parties qui sécrètent les sucs digestifs; le contenu des cellules est donc accessible à ces derniers; les ruminants utilisent bien les aliments grossiers, voilà l'avantage. L'inconvénient, c'est que les hydrates de carbone facilement solubles (sucre, amidon) subissent partiellement la fermentation cellulosique, dont les produits ont une valeur nutritive certainement inférieure à 75 p. 100 de celle des matières hydrocarbonées qui les ont fournis (nous verrons pourquoi). Enfin, quand la quantité d'hydrates de carbone facilement solubles augmente dans la ration, la digestibilité de la cellulose et par suite celle des graisses et de la protéine se trouvent déprimées.

Chez le cheval, les substances nutritives aisément solubles sont digérées et absorbées avant que la fermentation cellulosique ait atteint une grande intensité. C'est ainsi que les graines des céréales, aliments concentrés, riches en amidon, sont utilisées par lui d'une façon parfaite. Enfin, si l'on augmente les hydrates de carbone (amidon, sucres) dans la ration, il n'en résulte pas la forte dépression de la digestibilité signalée chez les ruminants. Par contre, les matières nutritives enfermées dans la cellulose et que la fermentation met en liberté dans le cœcum ne peuvent être complètement utilisées. Sans doute les sucs digestifs du pancréas entraînés par les aliments agissent encore sur elles, transformant l'amidon en sucre et saponifiant les graisses; mais tandis que les sucres sont absorbés, les savons paraissent ne l'être que très imparfaitement; ceci peut tenir soit à la moindre surface d'absorption du gros intestin, soit à ce que ses cellules épithéliales n'aient point la propriété de regénérer les graisses, ce qui est une condition de leur assimilation (J. Munk). C'est ainsi que 80 p. 100 de la graisse contenue dans le foin se retrouve dans les déjections du cheval, alors que les ruminants n'en laissent passer que 40 à 50 p. 100. Il n'en faudrait pas conclure que le cheval est incapable de bien digérer les graisses; il en est tout autrement. Le fait tient simplement à ce que les graisses des aliments grossiers sont inaccessibles aux sucs digestifs dans les parties de l'intestin capables de les absorber. Les solipèdes sont donc particulièrement aptes à tirer parti des graines de céréales, de ce qu'on a appelé *les aliments peu concentrés.*

Un autre fait montre que la dépression de la digestibilité chez les ruminants est bien causée par l'action déprimante des hydrates de carbone facilement solubles sur la fermentation cellulosique. Chez le porc, en effet, le sucre et l'amidon ne produisent aucune semblable dépression. Les pommes de terre, le riz, très pauvre en matière azotée et très riche en hydrates de carbone, sont admirablement utilisés par cet animal.

La cellulose et les autres hydrates de carbone ne sont pas les seules matières qui fermentent dans le tube digestif. Il existe aussi une fermentation de la protéine qui toutefois chez les herbivores est moins importante que celle des matières non azotées. Comme la fermentation cellulosique, elle a surtout lieu dans la panse et dans le cœcum; elle fournit des gaz CO^2, H^2S en petite quantité, CH^4, des peptones qui bientôt sont eux-mêmes décomposés en acides amidés. Mais elle est surtout caractérisée par la production de composés aromatiques appartenant au groupe du phénol (phénol, crésol) et à celui de l'indigo (indol, scatol); ces substances sont éliminées par les reins. Baumann a montré qu'elles étaient bien le résultat de fermentations intestinales : après avoir désinfecté le tube digestif d'un chien par le calomel, il constata leur absence dans les urines. Tappeiner a tenté d'utiliser le phénol produit comme mesure du poids de protéine détruit par la fermentation et trouvé ainsi que ce poids pouvait atteindre 10 p. 100 de la matière azotée digestible contenue dans la ration. La protéine ainsi détruite perd au moins une partie de sa valeur nutritive.

Toutefois cette perte de matière azotée paraît susceptible d'être compensée ou du moins diminuée par des phénomènes d'un ordre inverse. L'asparagine, qui se trouve en abondance dans les racines et les tubercules, est une substance nutritive; elle peut remplacer une certaine quantité de matière non azotée (Potthast). Mais J. Munk et ensuite Hagemann ont prouvé que chez les carnivores elle était incapable de réduire la désassimilation de la matière azotée, c'est-à-dire de se substituer à celle-ci; elle n'est donc pas un aliment à la façon de la graisse ou de l'amidon. Weiske et Zuntz ont, au contraire, constaté que chez les herbivores l'asparagine était capable de remplacer un certain poids de matière albuminoïde. C'est ainsi qu'on enseigne généralement en Allemagne, dans les cours sur l'alimentation des animaux domestiques, que dans une ration où l'azote de l'asparagine ne s'élève pas à plus de 25 p. 100 de l'azote des matières albuminoïdes, on peut traiter cette amide comme une matière albuminoïde.

A ce propos, M. Zuntz [1] a appelé l'attention sur l'hypothèse suivante : il pense que les microorganismes, qui causent les fermentations intestinales et qui ont besoin pour vivre de matière azotée, s'adressent de préférence aux amides quand elles sont présentes dans les aliments, de sorte que par là même une certaine quantité de matière albuminoïde se trouve préservée de la destruction. De plus, les microorganismes sont en état de reconstruire des molécules de matière albuminoïde à l'aide de ces amides pour former leur protoplasma ; quand ils meurent, il n'est pas impossible que la substance azotée de ce dernier soit utilisée par l'économie. L'hypothèse de M. Zuntz a l'avantage d'expliquer l'action différente de l'asparagine chez les carnivores et chez les herbivores.

Quoi qu'il en soit, les phénomènes de fermentation qui accompagnent la digestion sont de la plus haute importance ; les éléments nutritifs affectés par eux donnent naissance à des produits dont beaucoup sans doute peuvent être utilisés par l'organisme, mais leur valeur nutritive n'en subit pas moins une sensible réduction. Nous allons en voir un exemple dans la cellulose.

Valeur nutritive de la cellulose. — Nous sommes maintenant en mesure de faire quelques remarques au sujet des diverses appréciations qui ont cours sur la valeur nutritive de la cellulose.

Deux moyens ont été employés pour l'évaluer :

1° On a tenu compte des produits de fermentation de la cellulose et de la valeur nutritive de chacun d'eux ;

2° On a recherché par des expériences directes sur l'animal la valeur nutritive de la substance considérée.

Henneberg et Stohmann utilisant les données de Tappeiner, calculent que 100 grammes de cellulose fournissent les produits de fermentation suivants :

33,5gr	CO^2.
4,7	CH^4 gaz des marais.
33,6	$C^2H^4O^2$ acide acétique.
33,6	$C^4H^8O^2$ acide butyrique.

Les quantités d'énergie que peuvent développer en s'oxydant la cellulose et les produits de fermentation sont :

Pour 100gr de cellulose	$100 \times 4,146 =$	414,600 calories.
35,5 CO^2	"	"
4,7 CH^4	$4,7 \times 13,344 =$	62,717
33,6 $C^2H^4O^2$	—	117,768
33,6 $C^4H^8O^2$	—	189,739
Ce qui fait pour les produits de la fermentation		370,224

La différence $414,600 - 370,224 = 44,376$ exprime la chaleur dégagée pendant la fermentation (en vertu du théorème de Berthelot énoncé page 6). Celle-ci s'élève donc à 11 p. 100 de la valeur thermogène de la cellulose.

(1) *Pflüger's Archiv*, t. XLIX, p. 483.

Henneberg et Stohmann [1] admettent que la chaleur de fermentation profite à l'organisme au même titre que celle dégagée dans l'intimité des tissus et que, les acides organiques étant absorbés et oxydés, toute leur énergie potentielle est utilisée par l'économie. Il n'y aurait ainsi de perdu que l'énergie potentielle correspondant au gaz des marais, soit moins de 20 p. 100 de l'énergie de la cellulose. Encore les deux auteurs font-ils remarquer qu'une oxydation partielle de CH^4 n'est pas impossible. Ils arrivent donc à reconnaître à la cellulose une valeur nutritive inférieure de 20 p. 100 seulement à celle qu'on devrait lui attribuer d'après sa chaleur de combustion.

Nous devons faire remarquer que les choses ne se passent pas aussi simplement. En ce qui concerne la chaleur de fermentation, puisque l'organisme à jeun et au repos dégage déjà une quantité de chaleur suffisante au maintien de sa température, il est clair qu'elle aura un caractère excrémentitiel; c'est d'autant plus juste que, durant la digestion, l'organisme dégage de la chaleur en excès.

De plus, des expériences de Tacke, exécutées au laboratoire de l'Institut agronomique de Berlin, et dans lesquelles on faisait respirer aux animaux pendant plusieurs heures une atmosphère chargée de CH^4, ont montré que ce gaz n'avait point été oxydé. D'autre part, d'après les expériences de Kern et Wattenberg [2], de Lehmann et Pfeiffer, les ruminants excrètent des quantités considérables de CH^4. Ce sont là deux résultats qui sont d'accord pour rendre peu vraisemblable l'utilisation d'une partie de l'énergie potentielle contenue dans le CH^4.

Ainsi, l'énergie correspondant à la chaleur de fermentation et à CH^4 ne pouvant être utilisée par l'organisme, il ne reste plus que les acides organiques avec 74 p. 100 de l'énergie potentielle de la cellulose. La question est de savoir si cette énergie est tout entière profitable à l'économie. Du fait qu'une substance est absorbée et oxydée, il n'en résulte pas qu'elle ait une valeur nutritive, il faut encore qu'elle ait préservé de l'oxydation un certain poids d'éléments nutritifs ou de matériaux organiques du corps.

Nous savons, d'après ce qui précède, que la valeur nutritive d'une substance est maximum quand elle a la propriété de se substituer aux matières constituantes de l'organisme suivant des poids isodynamiques; dans ce cas seulement, la valeur thermogène peut être considérée comme l'expression de la valeur nutritive (abstraction faite du travail de digestion). En est-il ainsi pour les acides butyrique et acétique? J. Munck [3] a prouvé pour l'acide butyrique et nous-même [4] pour l'acide acétique, que ces substances étaient réellement nutritives, mais que, d'autre part, elles ne pouvaient pas se substituer en quantités isodynamiques aux autres aliments. La partie de leur énergie non utilisable ne se laisse pas exprimer numériquement; pour l'acide acétique, elle n'est pas inférieure à 25 p. 100 de l'énergie totale; et il faut remarquer que ces expériences se faisaient dans les conditions les plus favorables, puisque, par l'injection directe dans le sang, le travail de la digestion se trouvait éliminé. Les 74 p. 100 de l'énergie potentielle de la cellulose que contiennent les acides organiques ne sont que partiellement utilisables. *La nature des produits de fermentation de la cellulose permet donc d'établir que*

(1) Henneberg et Stohmann. Ueber die Bedeutung der Cellulose-Gährung für die Ernährung der Thiere. *Zeitschrift für Biologie*, t. XXI, p. 613.
(2) *Journal für Landwirthschaft*, t. XXXVIII, p. 215.
(3) *Pflüger's Archiv*, t. XLVI, p. 322.
(4) *Pflüger's Archiv*, t. XLIX, p. 460.

cette substance livre à l'organisme des produits qui ont une certaine valeur nutritive, sensiblement inférieure cependant à celle des hydrates de carbone.

Quels sont maintenant les résultats obtenus par l'expérimentation directe? Ils sont de deux sortes et absolument opposés:

1° Wolf, comparant ses longues expériences instituées sur l'alimentation du cheval avec celles de Grandeau et Leclerc, conclut que la cellulose digestible n'a en apparence aucune valeur nutritive;

2° Pfeiffer et Lehmann, se basant sur leurs recherches exécutées sur des ruminants, attribuent à la cellulose digestible une valeur qui n'est pas sensiblement différente de celle des autres hydrates de carbone.

Ces résultats contradictoires trouvent-ils une explication? M. Zuntz en a donné une que nous allons reproduire. Deux mots d'abord sur ce fait que la cellulose, tout en livrant à l'organisme des produits utilisables, peut avoir une valeur nutritive égale à zéro. Nous le disions il n'y a qu'un instant, il est incontestable que la cellulose digestible livre de tels produits. Comment se fait-il que Wolff ait pu trouver pour cette substance une valeur nutritive nulle? Il suffit pour cela que le travail de digestion de la cellulose soit précisément égal à la quantité d'énergie utilisable que ses produits de fermentation livrent à l'organisme. Le cas est le suivant: les produits de fermentation de la cellulose fournissent, par exemple, à l'organisme 100 calories utilisables; d'autre part, le travail de digestion de la cellulose s'élève à 100 calories; il en résulte un effet nul, une valeur nutritive également nulle. Voilà une première contradiction levée. Il faut remarquer d'ailleurs qu'il n'en est pas toujours ainsi; il n'existe pas de relation nécessaire, en effet, entre le travail de digestion de la cellulose et la valeur nutritive des produits utilisables que cette dernière peut fournir. Il est fort possible qu'on rencontre des aliments dans lesquels la cellulose possède une réelle valeur nutritive.

Quant à la divergence des résultats obtenus par Wolff d'une part, par Lehmann et Pfeiffer d'autre part, elle proviendrait, d'après M. Zuntz[1], de ce que le premier de ces savants utilisait le cheval, et les seconds des ruminants pour leurs expériences. Les recherches de Henneberg et Stohmann, avons-nous dit, ont montré que chez les ruminants la cellulose digérée diminuait quand la quantité d'hydrates de carbone facilement solubles augmentait dans la ration. De plus, Lehmann et Pfeiffer ont trouvé que la quantité de CH^4 produit restait la même quand on remplaçait une partie de la cellulose de la ration par un même poids d'amidon. Il faut donc que cette dernière substance ait subi la fermentation cellulosique; elle livre d'ailleurs les mêmes produits que la cellulose (Tappeiner) et sa valeur nutritive devient la même que celle de la cellulose digestible. Ainsi résume M. Zuntz: « *Ce n'est pas la cellulose qui a la valeur nutritive de l'amidon ou des sucres, mais ce sont ces derniers composés qui, en fermentant à la place de la cellulose, perdent une partie de leur valeur nutritive* ». Ils s'abaissent pour ainsi dire au niveau de la cellulose.

Cette explication de M. Zuntz fournirait probablement la meilleure réponse à la discussion qui s'est élevée entre Mœrcker et Pfeiffer. Mœrcker a obtenu de bons résultats en augmentant, dans la ration, le poids des matières azotées tel qu'il est indiqué dans les normes de Wolff, tandis que l'effet n'a pas été satisfaisant en augmentant la quantité

(1) Zuntz. Bemerkungen über die Verdanung und den Nährwerth der Cellulose. *Pflüger's Archiv*, t. XLIX, p. 477.

de matières non azotées. C'est que la matière azotée produisait toute son action, pendant que la matière hydrocarbonée fermentait à la place de la cellulose sans profit pour l'organisme. Pfeiffer, se fondant sur la possibilité des substitutions isodynamiques entre matières albuminoïdes et hydrates de carbone, contestait la valeur des observations de Mœrcker et prétendait que la matière azotée n'avait pas une valeur nutritive supérieure à celle de ces derniers. Il ne tenait pas compte des conditions spéciales résultant des phénomènes de fermentation.

De tout ceci résulte qu'en pratique, on aura avantage à favoriser la fermentation de la cellulose en n'élevant pas trop la quantité des autres hydrates de carbone dans la ration des ruminants; autrement une partie de ces derniers perdrait de sa valeur nutritive. Voici une raison bien spéciale pour ne pas trop élargir la relation nutritive. Dès 1876, Wolff indiquait déjà que celle-ci devait être plus étroite pour les ruminants que pour les porcs. Pour les solipèdes, cette raison d'éviter une grande quantité d'hydrates de carbone n'existe pas.

L'ensemble des considérations qui précèdent nous permettra d'exposer avec plus de clarté les relations qui existent entre les échanges matériels et les échanges dynamiques dans le cas de la production du travail musculaire et du travail mécanique. Ce sera l'objet de la deuxième partie de notre travail.

DEUXIÈME PARTIE.

Production du travail musculaire et du travail mécanique.

Lavoisier et Séguin avaient déjà constaté que le travail musculaire a pour résultat d'élever fortement les échanges gazeux (absorption de O et production de CO^2). Depuis on a toujours été d'accord pour admettre que ce travail élevait les pertes de l'organisme. La loi de la conservation de l'énergie nous enseigne d'ailleurs que le travail produit ne peut être qu'une transformation. Les seules sources de l'énergie chez les animaux provenant des réactions chimiques dont les tissus sont le siège, il en résulte, *a priori*, que le travail musculaire doit être accompagné de transformations de substances. Mais aux dépens de quels composés se dégage l'énergie utilisée par le muscle? C'est là un sujet qui a donné lieu à beaucoup de controverses et sur lequel la lumière ne s'est faite que récemment.

Trois points paraissent aujourd'hui solidement établis :

1° Contrairement à l'opinion soutenue par Liebig, les matières albuminoïdes ne sont pas les seules substances propres à être utilisées par l'organisme pour la production du travail musculaire; elles n'ont à ce point de vue aucun pouvoir spécifique.

2° Les trois grands groupes de substances nutritives (albuminoïdes, graisses, hydrates de carbone) peuvent concourir à la production du travail. Ces substances se remplacent les unes les autres, conformément à la loi des substitutions isodynamiques.

3° Dans certains cas spéciaux, le travail musculaire est accompagné d'une désassimilation plus grande de la matière azotée constituante du tissu musculaire.

Abstraction faite de l'expérience de Fick et Wislicenus qui n'est pas à l'abri des objections, le premier point a été établi par les recherches de Voit sur le chien et sur l'homme, et confirmé depuis bien des fois, notamment par les expériences de Wolff sur le cheval, citées plus bas. Nous savons qu'il existe deux états pour lesquels l'excrétion de l'azote, c'est-à-dire la désassimilation de la matière azotée, reste constante; d'abord pendant le jeûne, puis quand l'animal nourri est en équilibre d'azote. Si l'on fait travailler un animal se trouvant dans l'un de ces deux cas, et qu'on ne constate pas d'augmentation dans l'excrétion de l'azote, c'est que la quantité de matière azotée désassimilée n'aura pas varié. Le travail musculaire aura donc dû provenir d'une autre source que la substance albuminoïde. C'est précisément le résultat auquel Voit est parvenu. D'autre part, l'augmentation considérable dans l'absorption de l'oxygène et la production de l'acide carbonique ont prouvé qu'une plus grande quantité de matériaux non azotés avaient subi l'oxydation et fourni ainsi l'énergie nécessaire à l'accomplissement du travail. Ces expériences ne prouvent nullement que la matière albuminoïde soit impropre à la production du travail, mais seulement que ce dernier peut être exécuté entièrement aux dépens de l'énergie des substances ternaires.

Les trois groupes de substances nutritives, disions-nous, peuvent éventuellement devenir la source du travail musculaire.

De nombreuses expériences viennent à l'appui de cette proposition. Celles de Kellner et de Wolff[1] à Hohenheim sont sans contredit les plus probantes. Exécutées sur le cheval, elles touchent de plus près la zootechnie; elles ont, en outre, été très variées et étendues sur de longues périodes de temps, ce qui les met à l'abri des objections souvent élevées contre des expériences de courte durée.

Pour la graisse, Kellner opérait de la façon suivante : un cheval recevait une ration contenant du tourteau de lin et on lui faisait accomplir un travail de traction tel qu'il restât en équilibre d'azote et de poids vif. On remplaçait alors dans la ration le tourteau de lin par des graines de lin; la quantité de graisse absorbée par l'animal se trouvait ainsi augmentée. L'on constatait alors que l'animal était en état de fournir un supplément de travail en restant en équilibre de poids vif et d'azote, le même surplus rompant cet équilibre en l'absence de la graisse dans la ration. Ainsi, 203 grammes de graisse permettent à l'animal de fournir un excès de travail de 464,000 kilogrammètres (travail de traction mesuré au dynamomètre + travail de déplacement du corps). Or, d'après Stohmann, l'énergie potentielle de 1 gramme d'huile végétale est équivalente à 9,431 calories. 203 grammes correspondent donc à 1,888,306 calories ou 800,639 kilogrammètres; le rendement $\frac{464,000}{800,639}$ a été de 58 p. 100.

De la même façon Kellner a déterminé le surplus de travail que peut exécuter le cheval quand un certain poids d'amidon est ajouté à la ration. Ainsi, 613 gr. 8 de cette substance ont été résorbés et ont permis à l'animal de fournir un produit supplémentaire de 538,712 kilogrammètres (travail de déplacement compris). D'après Stohmann, l'énergie potentielle de 1 gramme d'amidon est équivalente à 4,116 calories. Les 613 gr. 8 correspondent donc à 2,527,601 calories ou 1,071,698 kilogrammètres. Le rendement mécanique de l'amidon consommé $= \frac{538,712}{1,071,698} = 50.27$ p. 100.

Ces expériences de Kellner, qui pour chaque substance ont duré près de trois mois, prouvent bien que la graisse et les hydrates de carbone peuvent être utilisés pour la production du travail musculaire.

On pourrait peut-être faire une objection pour le cas de l'amidon et dire que le travail supplémentaire est produit non pas par l'amidon, mais par la graisse de l'orga-

[1] Voir Wolff. *Grundlagen für die rationelle Fütterung des Pferdes*, 1886, p. 75.

nisme. La constance dans l'excrétion de l'azote ne nous renseigne en effet que sur la désassimilation de matière azotée et non sur celle de la graisse. Mais, d'une part, si le travail provenait de la graisse, l'amidon consommé en excès serait emmagasiné sous forme de graisse, puisque le poids de l'animal reste invariable durant une longue période de temps; pratiquement, le résultat final reviendrait au même. D'autre part, de nombreuses expériences ont établi que les hydrates de carbone peuvent être utilisés directement pour la production du travail musculaire. Cl. Bernard a remarqué que l'activité du muscle a pour conséquence une diminution dans sa teneur en glycogène. Külz a fait perdre à des chiens la totalité du glycogène contenu dans leur foie en les faisant travailler pendant une journée sans leur donner de nourriture. MM. Chauveau et Kaufmann ont établi par le dosage de la glucose dans le sang que les muscles en activité consomment un poids plus élevé de cet hydrate de carbone que les mêmes muscles au repos. Enfin, dans les expériences de Zuntz et Lehmann sur le cheval, le quotient respiratoire $\left(\frac{CO^2}{O}\right)$ durant le travail est le même qu'au repos : sa valeur est égale à 0.9. Ce qui prouve que pendant le travail comme au repos la plus grande partie des matières oxydées par cet animal sont des hydrates de carbone. Il est donc impossible de douter que ces derniers ne soient aptes à la production du travail musculaire.

Restent les matières albuminoïdes. Kellner et Wolff en remplaçant dans la ration une partie de l'avoine par des lupins très riches en azote ont augmenté sa teneur en matière azotée, en même temps qu'ils diminuaient sa teneur en extractifs non azotés. Ils ont alors constaté que la quantité de travail produit reste la même pour un même nombre d'unités nutritives (matière azotée digestible + matière grasse digestible × 2.4 + extractifs non azotés digestibles + cellulose digestible) contenues dans la ration. Plus tard, Wolff arriva au même résultat en comparant le maïs et les féveroles. Ainsi, en remplaçant une certaine quantité des hydrates de carbone de la ration par une même quantité de matières albuminoïdes, on obtient à peu près la même quantité de travail. Wolff conclut ainsi : « L'albumine digestible, au-dessus d'un certain minimum, n'a pas une valeur plus grande pour la production du travail que celle d'un même poids d'amidon ou en général d'une quantité d'extractifs non azotés ou de graisse correspondant à l'équivalent, en amidon, de cette matière azotée ». Wolff a évalué ce minimum à 500 grammes de matière azotée pour 500 kilogrammes de poids vif. Rien ne prouve cependant dans ses expériences que ce chiffre représente réellement la limite inférieure au-dessous de laquelle il soit impossible de descendre.

Matières albuminoïdes, hydrates de carbone, graisses peuvent concourir à la production du travail musculaire : c'est là un fait bien établi. Mais les expériences de Hohenheim, expériences de mesure, nous apprennent non seulement que des substitutions entre ces composés sont possibles, mais encore suivant quel mode elles s'opèrent. Nous avons vu que le rendement en travail de l'amidon était de 50 p. 100, celui de la graisse, de 58 p. 100; ce sont là des chiffres voisins. Ils signifient que pour produire une même quantité de travail, la graisse et les hydrates de carbone se substituent suivant des poids qui contiennent à très peu près la même quantité d'énergie potentielle. La grande loi de l'isodynamie se manifeste cette fois encore. Si le rendement de l'amidon est un peu inférieur à celui de la graisse, il n'y a pas lieu d'en être surpris. Le travail de digestion, avec lequel il faut toujours compter, est moindre pour la graisse que pour l'amidon; ce qui fait que le rendement de la graisse est plus favorable.

De même, d'après Wolff, des poids égaux d'hydrates de carbone et de matière azotée albuminoïde produisent une même quantité de travail. Or, un même poids de ces deux substances fournit à très peu près la même quantité d'énergie. Il en résulte que matières albuminoïdes, graisses, hydrates de carbone se substituent en quantités isodynames pour la production du travail. Autrement dit : *la loi des substitutions isodynamiques est applicable au cas du travail musculaire.*

Pour établir ce dernier point, nous n'avons cité que quelques expériences de Kellner et de Wolff; il est nécessaire d'ajouter que toutes les recherches de Wolff (1) sur le cheval, maintenant fort nombreuses, confirment ce qui vient d'être dit. Wolff a vu osciller sans cesse autour de 50 p. 100 (plus exactement 49 p. 100) le rendement mécanique des éléments nutritifs contenus dans les aliments concentrés, quand on exprime la valeur de ces éléments nutritifs d'après leur teneur en énergie, c'est-à-dire quand on donne la valeur 1 à 1 gramme de protéine ou d'hydrates de carbone, et la valeur 2.4 à 1 gramme de graisse. Les oscillations reconnaissent sans doute leur cause dans le travail de digestion variable suivant la nature des aliments.

Ce rendement, hâtons-nous de le dire, ne saurait avoir une valeur universelle. En admettant qu'il fût exact pour les conditions dans lesquelles travaillaient les chevaux de Hohenheim, il ne saurait rester le même pour des conditions sensiblement différentes. Ce qui donne précisément aux expériences de Wolff leur haute signification, c'est qu'elles ont toujours été exécutées dans les mêmes conditions, de sorte que les résultats restent comparables. Le cheval se déplaçait au pas lent, attelé à un manège et exécutant un travail de traction dont l'intensité est restée constante dans le plus grand nombre des cas. C'est cette constance dans les conditions du travail qui permet à la loi des substitutions isodynamiques de se manifester.

Mais même pour les conditions dans lesquelles les chevaux de Hohenheim exécutent leur travail, il est bien probable que le rendement n'a qu'une valeur approchée. Le travail mécanique produit se compose, en effet, de deux parties : l'une, rigoureusement mesurable, le travail de traction; l'autre, le travail mécanique correspondant au déplacement du corps évalué à l'aide du calcul. Kellner emploie les formules de Poisson et des frères Weber pour déterminer ce dernier; Wolff, la formule $\frac{1}{2}, mv^2$ représentant le travail d'une seconde. Pour les vitesses de déplacement observées à Hohenheim, les deux méthodes de calcul conduisent au même résultat. Il n'en est pas moins vrai qu'il est difficile d'apprécier l'exactitude de ces formules. L'erreur qu'on peut commettre de ce chef se fait sentir sur le rendement. La valeur de ce dernier n'est donc qu'approchée, mais, comme elle est toujours établie de la même façon, les résultats des expériences n'en restent pas moins comparables, surtout si l'on songe que, dans la plupart des expériences de Wolff, le travail mécanique de déplacement n'est guère que le cinquième du travail mécanique total.

De plus, le rendement de 50 p. 100 ne s'applique qu'aux rations contenant en proportions à peu près invariables les aliments grossiers et les aliments concentrés. Wolff a en effet trouvé que le foin de pré, par exemple, n'a pas la même valeur que l'avoine pour la production du travail. D'expériences spéciales, il résulte qu'un certain nombre

(1) Les recherches de Wolff ont été publiées dans les *Landwirthschaftliche Jahrbücher*. Voir surtout : *Grundlagen für die rationelle Fütterung des Pferdes*, 1876, Parey, Berlin, et *Landwirthschaftliche Jahrbücher*, t. XVI. Supplément III, 1887.

d'unités nutritives de foin de pré a une valeur ne s'élevant qu'aux deux tiers de celle d'un même nombre d'unités nutritives contenues dans l'avoine. Pour obtenir un même supplément de travail, il faudra donc ajouter à la ration une quantité de foin renfermant un tiers en plus d'unités nutritives. Wolff en conclut avec raison que les aliments grossiers n'ont pas la même valeur que les aliments concentrés pour la production du travail; il attribue ce fait avant tout aux phénomènes de fermentation de la cellulose. D'après ce qui a été dit [1], nous savons que c'est là une conséquence du travail de digestion plus élevé des aliments grossiers. Ce travail de digestion se rapporte non seulement au travail de fermentation de la cellulose, mais encore au travail de mastication, de la péristaltique intestinale, etc. En un mot, la moindre valeur des aliments grossiers pour la production du travail a pour cause immédiate leur moindre valeur nutritive, en conservant à la valeur nutritive la définition qui en a été donnée plus haut. Il faut donc se souvenir que le rendement de 50 p. 100 indiqué par Wolff pour les conditions du travail réalisées dans ses expériences suppose en outre que la ration contient environ la moitié de ses éléments nutritifs à l'état d'aliments concentrés.

Nous arrivons maintenant au troisième point concernant les cas spéciaux dans lesquels la désassimilation des matières albuminoïdes constituantes des tissus se trouve augmentée par le travail musculaire. Trois de ces cas nous sont connus :

1° Insuffisance de l'alimentation.

2° Travail musculaire trop intense, causant la gêne de la respiration ou la dyspnée. L'absorption d'oxygène par les poumons ne suffit plus à la consommation dans les tissus.

3° Insuffisance de la circulation. Le travail d'un petit groupe de muscles peut s'élever à tel point que la circulation devienne insuffisante; le sang n'amène plus aux muscles tout l'oxygène et tous les éléments nutritifs nécessaires à la production du travail.

On le voit, ces trois cas présentent un caractère commun : les muscles ne reçoivent plus en quantités suffisantes les matériaux réparateurs (oxygène et éléments nutritifs).

1° *Insuffisance de l'alimentation.* — Ce cas nous est fourni dans les expériences de Kellner sur le cheval. L'animal reçoit une alimentation qui lui permet d'accomplir un certain travail, tandis qu'il conserve son équilibre d'azote et de poids vif. La nourriture est donc juste suffisante. On augmente alors le travail sans modifier la ration; la désassimilation de la matière azotée s'élève en même temps que le poids vif diminue. Ces phénomènes coïncident donc avec une insuffisance de la ration. Voici d'ailleurs le résumé d'une expérience.

PÉRIODES.		TRAVAIL PRODUIT.	AZOTE DANS L'URINE.	POIDS VIF.
		kilogrammètres.	grammes.	kilogrammes.
I	26 février-11 mars	808,000	198.6	496.8
II	18-24 mars	2,424,000	211.3	482.4
	25-29 mars	2,424,000	220.7	470.4
	30 mars-4 avril	2,424,000	229.1	468.7
	5-10 avril	2,424,000	234.3	462.5
III	11-17 avril	808,000	200.4	460.0
	18-24 avril	808,000	200.7	458.2
	25-28 avril	808,000	197.7	454.9

[1] Voir pages 18 et suivantes.

Dès que le travail dans la troisième période reprend sa première valeur, on voit la quantité d'azote diminuer dans l'urine.

Wolff s'exprime ainsi sur les résultats des expériences de Kellner : « Il faut une augmentation considérable du travail journalier pour causer une augmentation importante dans la désassimilation de la matière azotée. Dans les expériences ci-dessus, on trouva que, dans le cas d'une ration suffisante pour accomplir le travail très modéré de 808,000 kilogrammes par jour, après que le travail eût été élevé au triple, c'est-à-dire d'une façon excessive, il se produisit une augmentation de 6.4 p. 100 seulement au début et de 18 p. 100 à la fin dans la quantité d'azote excrétée. »

Une autre considération nous montre combien est faible l'augmentation de la matière azotée désassimilée vis-à-vis de l'excès de travail, même quand cette dernière atteint son maximum, soit du 5 au 10 avril. L'augmentation de l'azote excrété est alors égale à 234.3 — 198.6 = 35.7. Ce qui correspond à 35.7 × 6.25 = 223 gr. 3 de matière azotée sèche. D'après Rubner, 1 gramme de matière azotée du muscle a une valeur thermogène de 4,047 calories ou 1,720 kilogrammètres. En admettant, ce qui est certainement impossible, que toute l'énergie des 223 gr. 3 de matière albuminoïde ait été transformée en travail mécanique, on obtient 1,720 × 233.3 = 383,780 kilogrammètres. Or l'excès de travail produit dans la deuxième période est de 2 × 808,000 = 1,616,000 kilogrammètres. C'est plus de quatre fois la quantité d'énergie que contient l'excès de matière albuminoïde désassimilée. Tout le reste a donc dû être fourni par les matières non azotées. Ainsi, même quand la nourriture est insuffisante, c'est encore et surtout la matière non azotée, c'est-à-dire la graisse de réserve, qui fournit l'énergie nécessaire au travail des muscles. Les animaux maigres, dans un tel cas, perdent beaucoup plus de matière azotée que ceux qui possèdent une forte réserve de graisse. C'est ce que Voit a constaté en faisant travailler deux chiens soumis au jeûne, dont l'un était maigre et l'autre gras : le travail a eu pour effet d'augmenter l'excrétion de l'azote de 8 à 16 p. 100 chez le premier, et chez le second de la moitié seulement, soit de 1 à 8 p. 100.

Kellner a en outre montré que cette augmentation de la désassimilation de la matière azotée se produit indifféremment, que la ration soit riche ou non en matière azotée. C'est là un point de première importance pour la pratique; *l'animal consommera la matière azotée de ses tissus quand la ration sera insuffisante, quelle que soit la quantité de protéine digestible contenue dans sa nourriture.* Ceci montre une fois de plus que la matière albuminoïde n'a aucun pouvoir spécifique pour la production du travail musculaire.

La contre-épreuve de ces expériences, prouvant que l'augmentation seule de la matière non azotée dans la ration permet au cheval de produire un travail plus abondant sans que la désassimilation de la matière azotée augmente, a été également fournie. Il a suffi d'augmenter les matières hydrocarbonées dans la ration pour réduire la désassimilation de la matière azotée à sa valeur normale.

Des recherches de Kellner, on peut rapprocher celles que Argutinsky a exécutées sur lui-même. Il a trouvé que le travail musculaire augmentait dans une très forte proportion la quantité d'azote excrétée. J. Munk, dans une critique de ces expériences, a montré que la nourriture prise par Argutinsky, rapportée à 1 kilogramme de poids vif et à 24 heures, ne pouvait fournir que de 18.2 calories à 28.3 calories, alors que l'homme à jeun et au repos dépense dans le même temps 32 calories par kilogramme de poids vif. L'alimentation était donc insuffisante, ce qui explique la désassimilation plus grande de la matière azotée des tissus.

2° *Insuffisance de la respiration.* — A. Fränkel[1] a montré qu'indépendamment de tout travail musculaire, la dyspnée a pour résultat d'élever la désassimilation de la matière albuminoïde de l'organisme. En gênant la respiration des animaux, il empêcha l'oxygène de pénétrer en quantité suffisante dans les poumons. L'urée produite atteignit le double de la valeur normale. Fränkel attribue cet effet au défaut d'oxygène; l'inspiration d'oxyde de carbone produit en effet le même résultat, et l'on sait que cet agent empêche les globules rouges de porter aux tissus l'oxygène nécessaire. Quand le travail musculaire devient trop intense, il conduit à la dyspnée; les expériences de Fränkel faisaient prévoir qu'il en pouvait résulter une destruction plus grande de la matière albuminoïde. Cette prévision se trouve en effet confirmée par les expériences de Zuntz et Oppenheim[2]. L'ascension en montagne, par exemple, provoque souvent la dyspnée.

3° *Insuffisance de la circulation.* — Quand un petit groupe de muscles doit exécuter un travail intense, la circulation, bien que fortement accélérée, n'apporte plus aux muscles en quantités suffisantes les matériaux de réparation (oxygène et substances nutritives). Il en peut être de même lorsque, par suite de la fatigue, les contractions cardiaques perdent de leur énergie; dans ces circonstances, il est permis d'induire qu'il se produit une augmentation dans l'excrétion de l'azote. Cette augmentation, en effet, n'a pas été constatée directement par l'expérience; elle est révélée par des phénomènes qui lui sont intimement liés et qui intéressent les échanges gazeux respiratoires. Quand la désassimilation de la matière albuminoïde augmente par suite du travail musculaire, l'excrétion plus grande d'azote n'est pas le seul phénomène qui se produise. Les échanges gazeux éprouvent en même temps des modifications. On constate un accroissement du quotient respiratoire $\left(\frac{CO^2}{O}\right)$. De l'acide carbonique est dégagé sans que l'oxygène soit consommé en quantité correspondante. Ce qui se passe dans le muscle détaché du corps et chez les animaux à sang froid fait bien saisir le phénomène.

Un muscle détaché du corps et situé dans une atmosphère privée d'oxygène n'en continue pas moins à répondre aux excitations et à se contracter. Il dégage de l'acide carbonique et de l'énergie sans absorption parallèle d'oxygène (Hermann). De même, des grenouilles placées dans une atmosphère d'azote et par conséquent privées d'oxygène exécutent de rapides mouvements (Pflüger). Leurs muscles dégagent du CO^2 sans absorber d'O. Comme nous le verrons dans un instant, la règle est que chez les animaux à température constante la consommation d'oxygène, c'est-à-dire les oxydations, suit exactement le dégagement de CO^2, c'est-à-dire les dédoublements. Mais quand la respiration ou la circulation deviennent insuffisantes, les muscles de ces animaux se trouvent en partie dans les mêmes conditions que le muscle isolé ou la grenouille privés d'oxygène. D'après Pflüger, la molécule albuminoïde qui se dédouble en donnant de l'acide carbonique ne peut plus se régénérer comme elle le fait d'ordinaire quand le sang lui apporte les matériaux requis (O et éléments nutritifs); d'où une

(1) A. Fränkel. *Centralblatt für die medicinische Wissenschaft*, 1875, p. 739, et 1877, p. 767.
(2) Oppenheim. *Pflügers's Archiv*, t. XXIII, p. 490.

destruction complète de la molécule et une plus forte excrétion d'azote. Il a d'ailleurs été démontré directement que la matière albuminoïde du muscle peut dégager de grandes quantités de CO^2 (Stintzing, Gréhant, Sanson).

Ainsi, quand on constate que, par suite du travail musculaire, les échanges gazeux des animaux à température constante éprouvent des changements tels, que le quotient respiratoire $\left(\frac{CO^2}{O}\right)$ augmente, par analogie avec ce qui se passe dans les exemples du muscle isolé et de la grenouille, par analogie aussi avec les deux cas qui précèdent (insuffisance d'alimentation et dyspnée), on en conclut que ces troubles du quotient respiratoire sont accompagnés d'une désassimulation plus grande de la matière azotée. De pareils cas semblent s'être produits dans les expériences de Speck [1] et aussi dans celles de Hanriot et Richet [2]. Dans les premières, la personne en expérience est assise et tourne avec le bras gauche une roue dont on peut varier la résistance; dans les secondes, elle soulève des poids.

Speck avait cru pouvoir déduire de ses expériences que l'élévation du quotient respiratoire est une conséquence nécessaire du travail musculaire; c'eût été de la plus haute importance puisqu'il eût été prouvé du même coup que les phénomènes chimiques dans les tissus changent de nature durant l'accomplissement du travail. Cependant cette assertion de Speck était déjà en contradiction avec les résultats des expériences de Zuntz et Lehmann sur le cheval. Katzenstein [3] exécuta alors, au laboratoire de l'Institut agronomique de Berlin, des expériences sur l'homme, semblables à celles de Speck, les sujets en expérience tournant une roue dont on peut varier la résistance. Mais tandis que, dans le cas de Speck, le sujet travaillait dans une position très défavorable, les sujets de Katzenstein se tenaient debout et dans la position la plus commode. Aussi Katzenstein ne constata pas, comme Speck, une élévation du quotient respiratoire. De plus, la période qui suit immédiatement la cessation du travail (*Nachwirkungsperiode*) et pendant laquelle l'oxygène absorbé a encore une valeur plus élevée qu'au repos, est de très courte durée dans les expériences de Katzenstein; elle s'étend au contraire sur une longue période dans celles de Speck. Enfin, dans ce dernier cas, les muscles qui ont travaillé restent longtemps endoloris. Tout ceci semble bien montrer que, dans les expériences de Speck, la circulation n'apportait pas aux muscles en travail les matériaux nécessaires. S'appuyant sur ces considérations, Katzenstein *conclut que l'élévation du quotient respiratoire n'est pas une conséquence nécessaire* du travail musculaire, mais qu'elle se produit seulement dans des circonstances analogues à celles dont il vient d'être question.

A. Lœwy [4] a ensuite institué, dans le laboratoire de M. Zuntz, des expériences spéciales sur l'homme pour déterminer l'influence exercée par un travail musculaire *fatigant* sur les échanges gazeux et vérifier ainsi les conclusions de Katzenstein; ces dernières ont été confirmées. Lœwy résume ainsi les résultats qu'il a obtenus :

« Durant l'activité musculaire, les phénomènes d'oxydation dans l'organisme se

(1) Speck. *Deutsches Archiv für klinische Medizin*, t. XLV, p. 461.

(2) Hanriot et Richet. *Comptes rendus*, t. CIV, p. 425, et t. CV, p. 76.

(3) George Katzenstein. Ueber die Einwirkung der Muskelthätigkeit auf den Stoffverbrauch des Menschen. *Pflüger's Archiv*, t. XLIX, p. 330.

(4) A. Lœwy. Die Wirkung ermüdender Muskelarbeit auf den respiratorischen Stoffwechsel. *Pflüger's Archiv*, t. XLIX, p. 405.

passent de la même manière que pendant le repos (ce que prouve la constance du quotient respiratoire), à moins que, pour des raisons quelconques, l'oxygène nécessaire à la production du travail n'arrive pas aux muscles en quantité suffisante.

« Après la cessation du travail, quel qu'il soit, les échanges nutritifs conservent une valeur élevée pendant quelques minutes encore; cependant le surplus de dépense pendant la période de repos qui suit le travail s'élève à peine à la dépense constatée pour une minute de travail. C'est seulement quand la fatigue des muscles est accentuée ou que le travail a été produit sans un apport suffisant d'oxygène que les phénomènes de désassimilation restent élevés durant une assez longue durée. Les variations du quotient respiratoire durant la période qui suit immédiatement la cessation du travail reposent sur des conditions d'ordre physique. »

Il est ainsi bien établi que, dans la règle, les phénomènes d'oxydation se passent de la même façon au repos et pendant le travail. De plus, les échanges nutritifs, élevés pendant le travail, reprennent leur valeur normale presque aussitôt après sa cessation. Ce sont là des faits très importants. Quand on veut calculer, en effet, les quantités d'énergie dépensées pour produire un certain travail sans dresser un bilan complet des échanges nutritifs, on évalue d'après les échanges gazeux les quantités d'éléments nutritifs consommées par les muscles et, comme leur valeur thermogène est connue, on en déduit l'énergie dégagée. Mais ce calcul n'est admissible que si les éléments nutritifs sont oxydés jusqu'aux produits ultimes sans laisser de composés intermédiaires dans l'organisme. Le quotient respiratoire seul nous renseigne sur ce point; s'il est le même au repos et pendant le travail, c'est que les phénomènes se passent bien ainsi et le calcul est possible. Ainsi établir que, dans la règle, le travail musculaire n'amène pas de variations notables du quotient respiratoire, c'est en même temps fournir la preuve qu'on est en mesure de calculer les quantités d'énergie mises en jeu pour effectuer le travail. Ces remarques trouveront leur application à propos des recherches de Zuntz et Lehmann sur le travail musculaire du cheval.

Rapport de l'énergie dépensée au travail mécanique produit pendant l'activité musculaire.

Pour fixer la ration d'un cheval, il ne suffit pas d'être renseigné sur la valeur comparée des aliments au point de vue de la production du travail, il faut encore connaître l'énergie totale que doit dépenser l'organisme pour accomplir un travail mécanique déterminé. Autrement dit, il faut connaître le rendement mécanique de la machine animale. C'est là un problème difficile, parce que ce rendement est essentiellement variable. Il dépend des conditions dans lesquelles le travail est exécuté. Et ceci est vrai non seulement pour un ensemble de muscles, mais aussi pour un muscle quelconque considéré isolément.

M. Chauveau [1] a formulé ainsi la loi qui préside au rendement mécanique du muscle : « Le rendement mécanique de l'énergie consacrée à l'exécution du travail d'un muscle qui soulève une charge en se raccourcissant, est inversement proportionnel à la durée et au degré du raccourcissement musculaire. » Le rendement d'un muscle maximum au début de la contraction va sans cesse en diminuant. La durée de la contraction influe également sur le rendement, parce que le muscle doit dans tous les cas

[1] *Le travail musculaire et l'énergie qu'il représente.* Paris, 1891.

produire un travail statique (de soutien) qui est fonction de cette durée. M. Chauveau a montré que, théoriquement, le rendement mécanique du muscle pouvait prendre toutes les valeurs comprises entre 1 et 0. Le rendement établi pour chaque cas particulier n'est donc valable que pour les cas identiques. Aussi les valeurs données par les différents expérimentateurs pour le rendement mécanique du muscle sont-elles très variables.

M. C. Chauveau écrit : « Je n'ai pas échappé moi-même à la tentation de traduire ce rapport (rendement mécanique) à l'aide d'un chiffre, d'après mes expériences sur le muscle releveur propre de la lèvre supérieure du cheval. Les résultats de ces expériences m'ont démontré que le travail produit n'est que le septième ou le huitième de l'énergie totale mise en mouvement par la contraction spontanée et régulière du muscle. C'est un rapport faible et tout à fait en harmonie du reste avec le rôle de l'organe, lequel se contracte avec énergie pour ne faire en somme que fort peu de travail mécanique. Mais ce serait une grave erreur d'appliquer le résultat obtenu dans ce cas au travail d'autres muscles. Ce résultat ne vaut que pour le muscle qui l'a donné et pour les conditions spéciales d'activité dans lesquelles il se trouvait au moment des expériences. »

On le voit, la pratique n'a rien à espérer des expériences faites sur le muscle isolé. De plus, pour le moteur animé comme pour le muscle, on ne doit pas s'attendre à trouver un rendement mécanique valable pour tous les cas. Ce rendement pourra varier et varie en effet suivant les conditions du travail.

Ce point est fort important pour l'alimentation des moteurs. On a en effet cherché le rendement ou l'équivalent mécanique des aliments. Il est bien clair qu'il *n'existe pas plus d'équivalent mécanique fixe pour les aliments que de rendement mécanique invariable pour le travail musculaire.* Le rendement mécanique des muscles n'est pas autre chose, en effet, que l'équivalent mécanique des substances nutritives dont son activité spéciale lui permet d'utiliser l'énergie potentielle. Ceci pourrait paraître en contradiction avec les résultats de Wolff, qui a obtenu un rendement mécanique presque invariable pour les différents aliments (49 p. 100). Mais, nous l'avons déjà fait remarquer, il en a été ainsi parce que les chevaux de Hohenheim travaillaient constamment dans les mêmes conditions.

Pour satisfaire aux besoins de la pratique, il est donc nécessaire de déterminer expérimentalement les quantités totales d'énergie dégagées pour produire chacune des espèces principales de travail qui se présentent en réalité dans l'exploitation des moteurs animés. C'est une tâche à laquelle on ne peut échapper.

Il est maintenant facile de distinguer nettement les particularités des deux principales méthodes employées jusqu'à présent en Allemagne pour rechercher les bases de l'alimentation du cheval : la méthode de Wolff et celle de Zuntz et Lehmann.

La méthode de Wolff repose sur le principe suivant : dès qu'un cheval en équilibre de poids vif et d'azote accomplit un travail qui exige plus d'énergie que n'en peuvent fournir les éléments nutritifs contenus dans la ration, la désassimilation de la matière azotée augmente et le poids vif diminue. Inversement, si la ration est trop forte pour le travail produit, le poids vif s'élève. On possède donc un criterium qui permet de déterminer le travail que peut fournir une alimentation donnée; ce travail est atteint quand le poids vif de l'animal reste constant en même temps que l'équilibre de l'azote se maintient.

Cette méthode est excellente pour comparer les divers aliments au point de vue de leur valeur pour la production du travail musculaire. Dans les expériences, on détermine le supplément de travail, mesuré au dynamomètre, que peut fournir l'animal attelé à un manège quand on ajoute à la ration une certaine quantité de l'aliment à étudier; il suffit d'augmenter peu à peu le travail journalier jusqu'à ce que les indices signalés plus haut se manifestent et permettent de tirer une conclusion. Mais cette méthode n'est applicable que si le travail mécanique est toujours produit dans les mêmes conditions, afin que les résultats soient comparables, comme c'est le cas à Hohenheim. Il est indispensable, en effet, que le *rendement mécanique reste invariable; sinon le travail mécanique produit ne saurait donner la mesure de la valeur comparée des aliments pour la production du travail musculaire.*

Le manège de Hohenheim ne permet d'étudier la dépense d'énergie qu'à l'allure du pas. A Paris, la méthode de Wolff a été appliquée par Grandeau et Leclerc, mais le manège permet également de faire travailler les chevaux au trot. Il n'en reste pas moins difficile, avec cette méthode, de varier beaucoup les conditions du travail. En effet, dans la pratique, l'allure n'est pas la seule variable; il y a un facteur très important, c'est la pente du chemin. La méthode de Wolff, excellente pour l'étude comparative des aliments, ne se plierait pas aisément à la détermination du rendement mécanique de la machine animale dans les divers cas qui peuvent se présenter.

C'est précisément pour combler cette lacune que Zuntz et Lehmann ont appliqué à l'étude de ces problèmes une méthode toute différente. Jusqu'à présent, ces expérimentateurs n'ont publié qu'une partie de leurs recherches; mais les essais sont continués sans interruption. Comme cette méthode est appliquée pour la première fois à l'étude du travail musculaire, nous donnons une analyse succincte du mémoire de Zuntz et Lehmann.

Analyse succincte des recherches de Zuntz et Lehmann [1] sur les échanges nutritifs du cheval au repos et pendant le travail.

Problème. — L'utilisation du travail musculaire du cheval se fait dans des conditions très diverses. Le cheval travaille à des allures différentes : pas, trot ou galop. Pour chacune de ces allures, la vitesse est variable. L'animal se déplace horizontalement, ou sur un chemin montant ou descendant. Dans chacun de ces cas, la charge à mouvoir, d'intensité variable, peut être tirée ou portée sur le dos.

Le cheval travaillant dans des conditions données, ses échanges nutritifs prendront certaines valeurs qui seront la mesure de la dépense totale d'énergie nécessaire pour l'obtention du travail utile produit. En exprimant toujours la dépense en éléments nutritifs causée par un travail donné, et le travail utile produit en fonction de la même unité, on obtiendra deux nombres dont le rapport $\left(\frac{\text{travail utile}}{\text{dépense en éléments nutritifs}}\right)$ sera la mesure du rendement de la machine animale pour le cas considéré.

Déterminer les valeurs que prend ce rapport quand on varie autant que possible les conditions du travail, tel est le problème que se sont proposé de résoudre les expérimentateurs dont nous essayerons d'analyser le mémoire.

Il est bien évident que la solution de ce problème entraîne celle du problème de

[1] *Untersuchungen über den Stoffwechsel des Pferdes bei Ruhe und Arbeit*, par Zuntz et Lehmann, avec la collaboration de Hagemann. Parey, Berlin, 1889.

l'alimentation. Si l'on connaît en effet la nature et la quantité des substances nutritives nécessaires pour la production d'un certain travail dans des conditions données, rien ne sera plus aisé que de donner à l'animal une ration capable de suffire au travail exigé, pourvu que, d'autre part, on connaisse les quantités d'énergie que les divers aliments sont en mesure de livrer à l'organisme. Or nous avons vu que la méthode de Wolff avait déjà fourni sur ce dernier point de précieux renseignements.

La solution du problème posé plus haut exige :

1° Un appareil propre à déterminer le travail utile et aussi à varier les conditions dans lesquelles ce dernier s'effectue;

2° Une méthode permettant de mesurer les échanges nutritifs pendant la durée même du travail, soit pendant un temps assez court, afin qu'on puisse multiplier le nombre des essais. Parmi les méthodes susceptibles de fournir la mesure des échanges nutritifs, celle qui consiste à déterminer les échanges gazeux respiratoires répond seule aux exigences du cas considéré.

Nous abordons la description sommaire des appareils et des méthodes employés.

Production du travail. — Pour analyser les gaz de la respiration, il faut les recueillir, ce qui serait fort difficile si le cheval se déplaçait. Aussi s'est-on résolu à faire travailler l'animal à l'aide d'un appareil fort analogue à celui désigné sous le nom de *manège à plan incliné* ou *trépigneuse.* La construction présente toutefois plusieurs complications destinées à varier les conditions du travail. Le principe de l'appareil est le suivant:

L'animal marche sur un plancher formé par une espèce de chaîne sans fin. C'est ce plancher qui est mobile; l'animal, au contraire, a une position fixe dans l'espace. Le plancher est mis en mouvement à l'aide d'une poulie mue par une petite machine à vapeur; le cheval marche alors à la vitesse avec laquelle se déplace le plancher, sans accomplir d'autre travail. Tout se passe comme s'il se déplaçait librement sur le plancher immobile. Veut-on que le chemin soit ascendant, on règle l'inclinaison du plancher en le faisant pivoter autour d'un axe à l'aide d'un engrenage à crémaillère. L'inclinaison peut varier entre + 20° et — 10° par rapport à l'horizontale. Si le cheval doit tirer une charge, il est attelé à un trait par l'intermédiaire duquel il agit sur un dynamomètre construit sur le modèle du dynamomètre de Wolff.

Ceci dit, en quoi consiste et comment mesure-t-on le travail mécanique produit par le moteur animé?

Le travail mécanique est égal à la charge multipliée par le chemin parcouru. Il faut évaluer ces deux facteurs dans chaque cas particulier. Quand le plan est incliné, le cheval produit un travail mécanique en élevant à une certaine hauteur son propre poids ou son propre poids augmenté d'une charge placée sur le dos. On obtient le travail mécanique en multipliant le poids total de l'animal chargé ou non chargé par la hauteur verticale d'ascension. La bascule donne le poids; d'autre part, le chemin parcouru multiplié par le cosinus de l'angle d'inclinaison du plan donne la hauteur d'ascension. A chaque expérience on mesure cet angle. Le chemin parcouru se déduit de la longueur correspondant à un tour de la poulie multipliée par le nombre de tours de cette poulie. Cette longueur déterminée une fois pour toutes égale 264.3 centimètres. On lit sur un compteur de tours appliqué à l'axe le nombre des rotations. On possède alors tous les éléments nécessaires au calcul du travail d'ascension.

Quand le cheval est attelé au trait relié au dynamomètre, il exerce une traction égale au poids placé sur le plateau de celui-ci augmenté d'une constante déterminée une fois pour toutes et qui correspond à la traction exercée par le dynamomètre non chargé. Le chemin parcouru se mesure comme il a été dit. Le travail de traction = chemin parcouru × (charge + constante).

Si le cheval, tout en étant attelé au trait, se meut sur le chemin montant, il produit, outre le travail de traction, un travail d'ascension. On sait mesurer chacun d'eux; leur somme fournit le travail mécanique total. Ces exemples montrent clairement comment on détermine le travail mécanique dans chaque cas particulier.

Échanges gazeux respiratoires. — Pour déterminer les échanges gazeux, il faut recueillir les gaz au sortir de l'animal et les mesurer. La première opération est susceptible d'être exécutée de deux façons, à l'aide d'un masque fixé sur la face de l'animal, d'autre part au moyen d'une canule qui fait directement communiquer la trachée avec l'extérieur, après que l'animal a subi la trachéotomie. Dans les essais, on vit que le masque causait une certaine irritation. D'ailleurs les chiffres obtenus avec les chevaux trachéotomisés, et qui ne sont nullement incommodés par la canule, permettent de porter un jugement sur les résultats obtenus à l'aide du masque.

Appareils servant au dosage de l'O absorbé et du CO^2 exhalé. — On mesure les gaz expirés en déterminant au moyen d'un gazomètre leur volume total et, d'autre part, en soumettant à l'analyse eudiométrique une fraction de l'air expiré. Cette fraction doit représenter exactement la composition moyenne de ce dernier, c'est-à-dire la composition qu'aurait l'air expiré total après un mélange parfait.

Comment se procurer un tel échantillon de l'air expiré? Le gazomètre étant relié au masque ou à la canule à l'aide d'un tube, on peut constater que le rythme de la respiration du cheval et la ventilation pulmonaire ne sont pas réguliers. Quand le cheval est au repos, après une série d'expirations superficielles de 1 à 2 litres, il se produit ordinairement une expiration profonde de 8 à 9 litres. C'est, d'autre part, un fait connu que l'air d'une expiration profonde n'a point la même composition que celui d'une expiration superficielle. La seule manière d'obtenir un échantillon moyen est donc de recueillir constamment une fraction égale de l'air exhalé dans chaque expiration. On y parvient à l'aide de deux petites pompes à mercure mues alternativement par l'axe même du gazomètre, axe qui tourne d'une quantité proportionnelle au volume de l'air expiré. Par l'intermédiaire d'un tube étroit emboîté dans le tube plus large qui relie l'animal au gazomètre, ces pompes viennent puiser l'air au sortir même de l'animal. Les fractions ainsi pompées sont rassemblées dans un réservoir où leur mélange s'opère d'une façon parfaite, de sorte qu'on est en possession de l'échantillon désiré.

Connaissant le volume total de l'air expiré et sa composition moyenne, on en déduit les quantités d'O absorbé et de CO^2 produit par comparaison avec l'air inspiré. Comme l'animal travaille en plein air, on admet pour ce dernier la composition normale. La composition de l'air atmosphérique est très constante, comme on le sait. Des analyses exécutées de temps à autre ont d'ailleurs prouvé qu'il en était bien ainsi dans le lieu où travaillaient les chevaux.

Critique expérimentale des méthodes employées. — Les méthodes employées présentent un certain degré de complexité. Pour se faire une idée de leur juste valeur, le mieux est de déterminer par des expériences préalables les limites des erreurs que comporte leur emploi. Ce contrôle doit porter sur le gazomètre, sur les méthodes d'analyse chimique, enfin sur l'ensemble de l'appareil.

L'air étant introduit dans le gazomètre de la même manière que pendant la respiration du cheval, le jaugeage a montré que le volume indiqué par le gazomètre était en moyenne de 0.44 p. 100 trop faible, les valeurs extrêmes de l'erreur étant — 0.86 p. 100 et + 0.23 p. 100.

La méthode pour l'analyse des gaz est celle de Bunsen modifiée par Geppert.

L'erreur dans la détermination de CO^2 s'élève de 0.05 à 0.06 p. 100. Les auteurs ont également cherché quel trouble pouvait apporter dans la détermination de l'oxygène la présence de gaz inflammables, H, CH^4, dans les produits de la respiration. Des expériences de Tacke sur le lapin ont en effet montré que deux tiers des gaz combustibles éliminés par cet animal sont exhalés par les poumons. On trouva que, par suite de la présence de 0.03 p. 100, en moyenne, de CH^4 dans l'air expiré, la teneur en oxygène de ce dernier est de 0.03 à 0.04 p. 100 trop faible, et par conséquent le déficit d'oxygène trop fort de la même quantité.

Enfin, pour le contrôle de l'ensemble de l'appareil, on employa la méthode de Pettenkofer et Voit, dont le principe consiste à introduire dans l'appareil à contrôler un air chargé des gaz résultant de la combustion d'un poids donné de bougie stéarique. L'analyse élémentaire de la bougie permet de déterminer les poids d'O absorbé et de CO^2 produit par cette combustion. L'analyse de l'air en question au moyen des appareils et méthodes à contrôler fournit un certain poids de CO^2. Si les appareils étaient parfaits, ce poids de CO^2 devrait être égal au poids du même gaz résultant de l'analyse élémentaire de la bougie.

En soumettant leur appareil à cette épreuve, Zuntz et Lehmann ont trouvé que les limites des erreurs sont comprises pour l'oxygène entre + 0.5 p. 100 et — 0.8 p. 100 et qu'elles atteignent au maximum — 2.5 p. 100 pour le CO^2.

On le voit, la critique expérimentale a prouvé que la méthode était susceptible d'un haut degré d'exactitude.

Expériences et résultats. — Les expériences dont les résultats ont été publiés jusqu'à présent sont au nombre de 35. Deux chevaux y ont été employés. Le premier, âgé de 18 ans, servit aux expériences de début, 1 à 8, dont les 7 premières avec le masque et la dernière avec la canule. Le deuxième cheval était âgé de 6 ans; il fut utilisé pour les essais 9 à 20 avec le masque et 20 à 35 à l'aide de la canule.

Pour l'exécution d'une expérience, l'animal, après avoir été pesé, est installé sur le plancher du manège et relié à l'appareil à respiration à l'aide du masque ou de la canule. On peut alors déterminer ses échanges nutritifs pendant des périodes successives de repos et de travail. La durée des périodes de travail s'étend jusqu'à une demi-heure.

Nous reproduisons le résumé de l'expérience 35 pour montrer l'ensemble des données que fournit un essai.

DÉSIGNATION.	DURÉE de chaque des essais.	ÉCHANGES GAZEUX RESPIRATOIRES								PRODUCTION DU TRAVAIL.						
		TROUVÉS DIRECTEMENT						PAR KILOGRAMME DE POIDS VIF et minute.		NATURE DU TRAVAIL.				TRAVAIL MÉCANIQUE PAR MINUTE.		
		Ventilation par minute.	DANS LES GAZ EXPIRÉS.			PAR MINUTE.										
			Déficit de O.	CO^2.	Quotient respiratoire $\frac{CO^2}{O}$	O absorbé.	CO^2 produit.	O absorbé.	CO^2 produit.	Chemin par minute.	Ascension par minute.	Poids à mouvoir.	Traction.	Travail d'ascension.	Travail de traction.	Travail total.
	minutes.	litres.	p. o/o.	p. o/o.		litres.	litres.	cm³.	cm³.	mètres.	mètres.	kilogr.	kilogr.	kgm.	kgm.	kgm.
Pendant le repos..........	24	27,2	5.725	4.221	0.74	1,39	1,03	3,49	2,58	″	″	″	″	″	″	″
Pendant que l'animal mange..	204	35,3	4.874	4.102	0.84	1,53	1,29	3,85	3,24	″	″	″	″	″	″	″
Pendant le travail..........	20	354,1	4.046	3.716	0.92	12,69	11,65	31,86	29,27	54,2	2,701	407,8	69,38	1102	3759	4860
Période qui suit immédiatement le travail..............	20	61,6	3.183	3.210	1.01	1,75	1,76	4,39	4,43	″	″	″	″	″	″	″
Pendant le travail..........	20	441,3	3.042	2.634	0.87	11,89	10,29	29,86	25,85	60,9	3,038	407,4	69,38	1238	4227	5465
Période qui suit immédiatement le travail..............	20	93,8	2.256	2.307	1.02	1,89	1,93	4,74	4,85	″	″	″	″	″	″	″
Pendant le repos...........	79	35,2	4.792	4.078	0.85	1,52	1,29	3,81	3,24	″	″	″	″	″	″	″

Les expérimentateurs se sont montrés très brefs sur les conclusions à tirer de leurs expériences, se réservant de traiter amplement le sujet, comme ils l'annoncent, à l'occasion de la publication de recherches nouvelles. Les résultats publiés concernent: 1° la mécanique respiratoire du cheval pendant le repos et le travail; 2° l'influence du travail musculaire sur les échanges gazeux et le quotient respiratoire $\left(\frac{CO^2}{O}\right)$; 3° les dépenses de l'organisme : *a.* au repos; — *b.* pour le déplacement du corps au pas et au trot; — *c.* pendant le travail (ascension, traction, port d'une charge).

Mécanique respiratoire. — Le rythme respiratoire au repos ainsi que la ventilation pulmonaire varient dans des limites fort étendues. Le nombre des inspirations par minute est de 6 à 14, pour s'élever à 20 et plus quand l'animal manifeste des signes d'inquiétude. La ventilation par minute oscille entre 22 et 135 litres. Elle est en moyenne de 69 litres dans les essais avec le masque, de 44 litres avec la canule. Cette différence provient de ce que le masque augmente l'espace nuisible respiratoire alors que la canule le diminue. La ventilation naturelle doit être comprise entre ces deux nombres, mais plus voisine de 44 que de 69.

Durant le travail musculaire, la ventilation est soumise à une régulation telle, que le déficit d'oxygène et la quantité de CO^2 dans l'air expiré ont des valeurs plutôt inférieures que supérieures à celles trouvées pendant le repos. La régulation est donc en général plus que suffisante pour compenser la plus grande absorption d'oxygène et la plus forte production de CO^2.

Influence du travail musculaire sur le quotient respiratoire. — Particulièrement intéressante est la considération des phénomènes respiratoires durant la période qui suit immédiatement la cessation du travail (*Nachwirkungsperiode*). Comme les remarques faites à ce sujet par les auteurs ont une importance considérable quand il s'agit d'apprécier leur méthode, nous leur laisserons la parole. Nous rappelons que les expériences n'ont porté que sur l'allure du pas et celle du trot. Voici comment s'expriment Zuntz et Lehmann : «Pendant la période qui suit immédiatement la cessation du travail, la ventilation est encore très renforcée, bien qu'elle aille diminuant de minute en minute. Mais à cette respiration accélérée ne correspond plus une égale augmentation des phénomènes d'oxydation, qui, dès que cesse le travail, reprennent leur valeur normale presque instantanément. Aussi le renforcement de la ventilation durant la période qui succède au travail fait que l'air expiré manifeste une teneur en oxygène très élevée et une teneur en CO^2 très faible. Mais cependant le déficit d'oxygène éprouve une diminution toujours plus forte que la teneur en CO^2; c'est là un phénomène qu'on constate dans toute respiration forcée. En voici la cause : la tension du CO^2 dans les alvéoles pulmonaires se trouvant réduite, le sang abandonne une plus grande quantité de ce gaz; la teneur du sang en CO^2 se trouve ainsi amoindrie et les tissus laissent à leur tour échapper dans le sang une plus grande quantité de ce gaz. C'est ainsi qu'un renforcement de la ventilation cause une diminution de la réserve de CO^2 tout formé qui existe dans l'organisme entier. Si, après une telle période de respiration forcée, on continue les observations, comme nous l'avons fait dans quelques expériences, on constate que cette augmentation du CO^2 exhalé est suivie d'une diminution.

«Les quotients respiratoires obtenus en divisant le déficit d'oxygène par le CO^2 exhalé fournissent sur ce point le meilleur éclaircissement. Ces quotients ne présentent que de faibles oscillations durant le repos et le travail; ils s'élèvent d'une façon marquée souvent au-dessus de l'unité (au maximum 1,088) durant la période qui succède au travail, puis 15 à 20 minutes après la cessation du travail s'abaissent souvent un peu au-dessous de leur valeur primitive durant le repos.

« Pendant les périodes de repos et de travail, nous pouvons utiliser ces quotients respiratoires pour juger de la nature des échanges nutritifs dans l'organisme. On sait que, lors de l'oxydation du carbone, le volume du CO^2 formé est égal au volume de l'oxygène absorbé. Par conséquent, si du carbone seul est brûlé, ou si, comme c'est le cas pour les hydrates de carbone, il existe dans la molécule du corps qui brûle autant d'oxygène qu'il en faut pour oxyder les autres atomes, le quotient devra être égal à 1. Tant que les hydrates de carbone représentent la masse principale des substances oxydées, comme c'est le cas pour le cheval normalement nourri, le quotient respiratoire ne s'abaissera que peu au-dessous de l'unité. Aussi dans le plus grand nombre de nos expériences nous le trouvons compris entre 0.90 et 0.95. Il concorde avec le chiffre calculé d'après les données du bilan des recettes et des dépenses.

« Par contre, durant certaines périodes, l'animal absorbait une nourriture insuffisante, et, comme le montre évidemment la diminution de son poids vif, consommait sa propre substance (matière albuminoïde et graisse). Seulement alors le quotient respiratoire diminuait et ses valeurs s'approchaient de celles qu'on observe chez les carnivores et chez les animaux soumis au jeûne.

« La constance que montre le quotient respiratoire dans chaque expérience prise en particulier peut servir de preuve à la valeur de sa signification. En parcourant la littérature un peu ancienne, on trouve que les oscillations du quotient respiratoire sont d'autant plus accentuées que la technique expérimentale s'est montrée plus imparfaite. Dans les mémoires de date récente, on peut encore lire l'assertion que le quotient respiratoire ne correspond à la composition de la nourriture que si l'expérience porte sur une longue durée, environ vingt-quatre heures. L'oxydation graduelle des aliments jusqu'aux produits ultimes, CO^2 et H^2O, était, croyait-on, également prouvée par le prétendu fait que temporairement l'exhalation du CO^2 ne suit pas à beaucoup près l'absorption de l'oxygène, tandis qu'à d'autres moments elle surpasse de beaucoup cette dernière.

« Le travail musculaire spécialement devait produire d'importantes modifications du quotient respiratoire. Indubitablement, il en peut être ainsi. Le muscle, bien que privé d'oxygène, peut, durant un certain temps, exercer son activité et en même temps dégager de grandes quantités de CO^2. De même, quand l'apport d'oxygène est insuffisant, il produit plus de CO^2 que ne le permettrait l'oxygène absorbé. Dans les expériences de Sczelkow, par exemple, la production de CO^2 s'est élevée bien plus que l'absorption de l'oxygène pendant le travail musculaire. Nos expériences n'offrent rien de semblable..... On trouve que les quotients des périodes de travail sont presque toujours un peu moindres que ceux des temps de repos; toutefois la différence est extrêmement faible. »

Cette faible différence, les auteurs l'attribuent à différentes causes, mais surtout à la façon spéciale dont se comporte le CO^2 dans l'organisme. Ils écrivent : « En comparaison des grandes quantités de CO^2 emmagasinées dans le sang et dans les tissus, la réserve d'oxygène dans l'organisme est très petite; les tissus n'en contiennent pour ainsi dire pas et le sang n'en renferme qu'un volume moitié moindre de celui de CO^2.

C'est pourquoi l'absorption de l'oxygène, même durant de courtes périodes, est une mesure beaucoup plus sûre de sa consommation. Bien qu'en eux-mêmes chacun de ces deux facteurs des échanges gazeux paraisse également propre à nous renseigner sur la quantité d'éléments nutritifs détruits pendant le travail, nous devrons cependant considérer toute détermination unique de l'oxygène consommé comme plus sûre que celle du CO^2 produit. Cette remarque nous a déterminé à ne faire provisoirement usage que de l'oxygène dans les calculs suivants sur les rapports entre la communication des éléments nutritifs et le travail produit. Ce choix nous est d'autant plus permis que, dans toutes les expériences, nous trouvons une concordance satisfaisante entre l'absorption de l'oxygène et l'exhalaison du CO^2. »

Ainsi, dans ce qui suivra, les dépenses de l'organisme seront évaluées par la quantité d'oxygène absorbé. Nous passons maintenant aux résultats qui concernent ces dépenses.

Échanges nutritifs durant le repos. — Pour pouvoir évaluer la dépense correspondant à un certain travail, il est clair qu'on devra d'abord connaître la dépense de l'animal au repos. Durant le travail, l'entretien de la machine animale doit être assuré de même que pendant le repos, et l'on se ferait une fausse idée de son rendement si l'on mettait la dépense d'entretien sur le compte du travail. Les échanges gazeux furent donc déterminés souvent pendant que l'animal se tenait immobile sur le manège. La durée de l'expérience atteignait parfois une heure entière. Les moyennes obtenues avec chacun des chevaux à l'aide du masque ou de la canule sont reproduites dans le tableau suivant :

DÉSIGNATION.		NOMBRE des EXPÉRIENCES.	PAR KILOGRAMME DE POIDS VIF ET MINUTE.		QUOTIENT RESPIRATOIRE.	TEMPÉRATURE DE L'AIR.
			OXYGÈNE absorbé.	CO^2 PRODUIT.		
			centim. cubes.	centim. cubes.		degrés.
Cheval I.	Masque	5	4.255	3.838	0.901	+ 20.10
Cheval II.	Masque	10	3.872	3.525	0.915	+ 0.25
	Canule	12	3.486	3.178	0.912	+ 15.75

On voit que les valeurs obtenues avec le masque sont plus élevées. Les auteurs l'attribuent à l'irritation qui empêche l'animal de rester aussi tranquille que dans les essais avec la canule, durant lesquels le cheval, nullement incommodé, se tient parfaitement calme. D'autre part, il faut noter que les expériences avec le masque sur le cheval II ont été exécutées à une basse température. Cette condition n'a pu avoir d'autre effet que d'accentuer la différence. Tenant compte de toutes ces particularités, les auteurs calculent la moyenne des échanges gazeux pour 1 kilogramme de poids vif et pour une minute à :

Oxygène absorbé	3^{cm^3},582
CO^2 exhalé	3^{cm^3},264
Quotient respiratoire	0.913
Température	11°,88

Ainsi la dépense d'éléments nutritifs au repos pour 1 kilogramme et par minute correspond à l'absorption de $3^{cm^3},582$ d'oxygène. Cette moyenne n'a évidemment pas une valeur absolue et il sera nécessaire d'étudier les facteurs qui sont susceptibles de la faire varier. Voici d'ailleurs les réflexions des auteurs à ce sujet : «Il faut s'attendre *a priori* à ce que cette moyenne n'ait point une valeur absolue. Elle doit être soumise à des oscillations causées par l'individualité, comme on l'a observé pour d'autres espèces animales, et de plus nos propres recherches montrent que chez les mêmes individus les oscillations sont assez étendues. On a déjà indiqué plus haut que l'état de nutrition particulier du cheval (*Ernährungszustand*) doit avoir une certaine influence. En outre s'ajoute une considération spéciale aux animaux de travail. Quand on détermine les échanges nutritifs au repos, il n'est pas indifférent que l'animal obtienne une ration très abondante ou relativement faible, suivant qu'il doit accomplir une forte somme de travail ou seulement un travail léger. L'animal au repos, après avoir reçu une abondante ration, produira certainement plus de CO^2 et absorbera plus d'oxygène que s'il avait consommé une moindre quantité d'aliments. Des expériences ultérieures devront nous apprendre quelles seront les limites des variations que l'influence de tous ces facteurs exercera sur les échanges nutritifs par kilogramme de poids vif et au repos. Il est à croire cependant que ces limites ne seront pas plus écartées que pour tout autre animal domestique, remplissant une fonction économique différente. C'est pourquoi les chiffres ci-dessus peuvent fournir un renseignement digne d'attention sur la dépense de 1 kilogramme de cheval par minute et au repos.»

Échanges nutritifs pendant le travail. — Pour obtenir les valeurs énoncées dans la suite, on s'est servi indistinctement des expériences exécutées avec les chevaux I ou II, à l'aide du masque ou de la canule. De plus, il n'est pas tenu compte de l'excès d'oxygène consommé pendant la période qui suit immédiatement le travail. Les auteurs se sont assurés que la correction n'a pas d'importance.

Quand le cheval travaille, toute la dépense d'énergie n'est pas employée pour la production du travail. Il y a d'abord la dépense d'entretien, celle qui vient d'être indiquée; de plus, il faut que l'animal déplace son propre corps. On devra donc déterminer d'abord la dépense correspondant au déplacement du corps. L'excès des échanges nutritifs sur la dépense correspondant à l'entretien et au déplacement représentera l'énergie dépensée pour la production du travail.

Déplacement du corps et travail d'ascension. — Les essais ont porté sur le cheval se déplaçant au pas et au trot. S'il avait été possible de placer le plan sur lequel se déplaçait le cheval dans une position absolument horizontale, la dépense correspondant au déplacement se fût déduite très simplement en retranchant de la dépense totale celle qui correspond au repos. On ne put réaliser ce cas; le cheval dut se déplacer sur un chemin très légèrement montant. Il fallait donc tenir compte du travail d'ascension.

VALEURS MOYENNES DES ÉCHANGES GAZEUX UTILISÉES DANS LES CALCULS.

TABLEAU I. — EXPÉRIENCES SUR LE DÉPLACEMENT SANS TRACTION NI CHARGE.

		DÉSIGNATION.	ALLURE.	NOMBRE DES EXPÉRIENCES.	POIDS VIF.	TROUVÉ DIRECTEMENT — PAR MINUTE. O absorbé.	TROUVÉ DIRECTEMENT — PAR MINUTE. Chemin parcouru.	TROUVÉ DIRECTEMENT — PAR MINUTE. Travail d'ascension.	TROUVÉ DIRECTEMENT — PAR MÈTRE de CHEMIN PARCOURU. O absorbé.	TROUVÉ DIRECTEMENT — PAR MÈTRE de CHEMIN PARCOURU. Travail d'ascension.	APRÈS SOUSTRACTION DE LA VALEUR au repos. — O absorbé — par minute.	APRÈS SOUSTRACTION DE LA VALEUR au repos. — O absorbé — par mètre de chemin.
					kilogr.	cm³.	mètres.	kgm.	mm³.	gm.	cm³.	mm³.
Expériences sur chemin presque horizontal, c'est-à-dire avec travail d'ascension minimum, sans charge ni travail de traction		a	Pas.	4	443,45	12,2476	87,375	0,459	14,096	5,029	8,6655	99,85
		b	Trot.	5	445,2	23,1542	139,06	0,6706	168,532	4,812	19,572	142,014
Expériences dans les mêmes conditions, mais sur chemin montant.	Pente faible.	c	Pas.	8	434,02	20,9395	84,95	7,025	245,77	83,17	17,3575	204,775
	Pente plus forte.	d	Pas.	5	438,34	26,8137	79,32	11,543	331,48	145,742	22,7316	285,892
	Moyenne de c + d.	....	....	13	435,7	23,006	82,785	8,7627	279,503	107,236	19,424	235,974

TABLEAU II. — EXPÉRIENCES SUR LE TRAVAIL DE TRACTION SANS CHARGE À L'ALLURE DU PAS.

	DÉSIGNATION.	NOMBRE DES EXPÉRIENCES.	POIDS VIF.	TROUVÉ DIRECTEMENT — PAR MINUTE. O absorbé.	TROUVÉ DIRECTEMENT — PAR MINUTE. Chemin parcouru.	TROUVÉ DIRECTEMENT — PAR MINUTE. Travail d'ascension.	TROUVÉ DIRECTEMENT — PAR MINUTE. Travail de traction.	TROUVÉ DIRECTEMENT — PAR MINUTE. Somme du travail.	TROUVÉ DIRECTEMENT — PAR MÈTRE de CHEMIN PARCOURU. O absorbé.	TROUVÉ DIRECTEMENT — PAR MÈTRE de CHEMIN PARCOURU. Travail d'ascension.	TROUVÉ DIRECTEMENT — PAR MÈTRE de CHEMIN PARCOURU. Travail de traction.	TROUVÉ DIRECTEMENT — PAR MÈTRE de CHEMIN PARCOURU. Travail total.	APRÈS SOUSTRACTION DE LA VALEUR au repos. — O absorbé. — par minute.	APRÈS SOUSTRACTION DE LA VALEUR au repos. — O absorbé. — par mètre de chemin.
				cm³.	mètres.	kgm.	kgm.	kgm.	mm³.	gm.	gm.	gm.	cm³.	mm³.
Chemin presque horizontal.	a	3	412	22,9	63	0,22	9,57	9,79	364	3,53	152,28	155,81	19,4	307,34
Chemin montant.	b	9	428	30,7	60	2,99	8,77	11,76	515	49,953	147,711	197,664	27,1	455,444

Une hypothèse simple et fort plausible permit de résoudre le problème : on admit que le travail de déplacement restait le même quand le cheval se meut sur un terrain horizontal ou légèrement incliné. Dès lors il suffit de posséder les valeurs des échanges nutritifs pour deux pentes peu différentes; en admettant, comme nous le disions, que le travail d'ascension de 1 grammètre et le travail de déplacement de 1 kilogramme par mètre exigent la même dépense dans les deux cas, on peut établir deux équations dont se déduisent les valeurs de ces deux inconnues.

Soit x l'oxygène absorbé pour le travail de déplacement correspondant à 1 kilogramme de poids vif et à 1 mètre de chemin parcouru, y l'oxygène absorbé pour la production de 1 grammètre de travail d'ascension, on a :

NOTA. x et y sont donnés en millimètres cubes.

1. Tableau I (moyenne de $c+d$). $x + 107{,}236\,y = 235{,}974$; (a) pas. . . . . $x + 5{,}029\,y = 99{,}850$; d'où $\begin{cases} x = 93^{mm^3},152 \\ y = 1^{mm^3},332 \end{cases}$

Le tableau I permet de faire trois autres combinaisons :

2. Tableau I (c). . . . . $x + 83{,}17\ y = 204{,}775$; (a). . . . . $x + 5{,}029\,y = 99{,}850$; d'où $\begin{cases} x = 93^{mm^3},097 \text{ oxygène.} \\ y = 1^{mm^3},343 \end{cases}$

3. Tableau I (d). . . . . $x + 145{,}742\,y = 285{,}892$; (a). . . . . $x + 5{,}029\,y = 99{,}850$; d'où $\begin{cases} x = 93^{mm^3},201 \\ y = 1^{mm^3},322 \end{cases}$

4. Tableau I (d). . . . . $x + 145{,}742\,y = 285{,}892$; (c). . . . . $x + 83{,}170\,y = 204{,}775$; d'où $\begin{cases} x = 96^{mm^3},956 \\ y = 1^{mm^3},296 \end{cases}$

On obtient, comme on le voit, des valeurs concordantes dans chacune de ces combinaisons.

Pour le trot, comme le travail d'ascension y nous est connu, l'équation suivante donne le travail de déplacement :

(Mêmes notations.) Tableau I (b) $\quad x + 4{,}812\,y = 142{,}014.$

Suivant qu'on emploie l'une des quatre valeurs obtenues pour y dans les équations précédentes, on a pour x les valeurs :

$$135^{mm^3},6 \qquad 135^{mm^3},6 \qquad 135^{mm^3},6 \qquad 135^{mm^3},8.$$

Ainsi, pour un même chemin parcouru, la dépense d'organisme à l'allure du trot est sensiblement supérieure à celle constatée pour le pas; d'après les chiffres obtenus, elle surpasse cette dernière d'environ 45 p. 100.

Travail de traction. — Les essais se rapportent tous à l'allure du pas sur chemin horizontal ou sur chemin montant. (Tableau II.)

En conservant toujours les mêmes notations et en appelant z le nombre de millimètres cubes d'oxygène absorbé pour la production de 1 grammètre de travail de traction, on a trois inconnues : x, y et z, dont les deux premières nous sont fournies par les calculs précédents.

L'équation qui donne z pour un chemin presque horizontal est :

Tableau II (a) $\quad x + 3{,}53\,y + 152{,}28\,z = 307{,}34.$

Suivant qu'on emploie l'un des quatre groupes de valeurs trouvées plus haut pour x et y, on a :

$$z = 1^{mm^3},376 \qquad z = 1^{mm^3},376 \qquad z = 1^{mm^3},376 \qquad z = 1^{mm^3},352.$$

En comparant les valeurs trouvées pour z et y, on voit que la production de 1 grammètre de travail de traction sur un chemin horizontal exige une dépense très peu supérieure à la production de 1 grammètre de travail d'ascension.

Si l'on calcule z de même pour la traction sur un chemin montant, on a :

Tableau II (b) $$x + 49{,}953\,y + 147{,}711\,z = 455{,}444$$

d'où

$$z = 2^{mm3}{,}002 \qquad z = 1^{mm3}{,}999 \qquad z = 2^{mm3}{,}005 \qquad z = 1^{mm3}{,}989.$$

Ainsi, la dépense nécessaire à la production de 1 grammètre de travail de traction sur un chemin montant (de 5 p. 100 environ) est de 45 p. 100 supérieure à celle requise pour tirer la même charge sur un chemin horizontal. C'est là une différence considérable qui, d'après Zuntz et Lehmann, s'explique facilement quand on tient compte des particularités suivantes. Le cheval exécutant un travail de traction sur un chemin montant est en effet placé dans une position défavorable. Ses membres postérieurs sont obliques par rapport à la verticale, et les muscles sont déjà contractés en partie avant de commencer le travail de traction. Or Weber a montré qu'un muscle peut livrer la plus grande proportion de travail mécanique quand il se contracte en partant de la position de repos. Il n'en peut être ainsi dans le cas considéré. De plus, la position des membres antérieurs ne permet pas à un cheval placé sur une pente de porter avec aisance son centre de gravité en avant; autre désavantage.

Les auteurs concluent que *différentes sortes de travail exigent une dépense différente de la part de l'organisme pour la production de l'unité de travail mécanique*. Autrement dit, le rendement mécanique de la machine animale varie suivant les conditions du travail exécuté.

Soutien et port de charges sur le dos. — Fort intéressants sont les résultats. Un cheval immobile avec une charge sur le dos (dans les expériences, environ 80 kilogrammes) présente des échanges nutritifs qui ne sont pas plus élevés que ceux de l'animal non chargé et au repos. (Il ne faudrait pas, bien entendu, que la charge vînt à dépasser une certaine limite.) Le fait paraît tout d'abord surprenant; il tient à la façon dont est construit le squelette du cheval. Quand on trouve une augmentation de la dépense, celle-ci n'est pas causée directement par la charge; c'est que l'animal, incommodé par cette dernière, a manifesté des signes d'inquiétude.

Quand le cheval portant une charge (81 kilogrammes) se déplace sur un chemin horizontal, ses échanges nutritifs se montrent assez variables. Les essais sont trop peu nombreux pour que les auteurs soient en mesure de tirer des conclusions. Mais cette fois encore, il semble bien que la charge exerce une influence peu marquée sur les échanges nutritifs et que « particulièrement pour une courte durée, la gêne causée à l'animal par la nature de la charge détermine plus que le poids même de cette charge une augmentation de ses dépenses ».

Influence de la durée du travail sur la dépense de l'organisme. — Lorsque, dans les expériences, deux périodes de travail se sont succédé et que les dépenses ont été déterminées pour chacune d'elles, on a presque toujours constaté que pour un même travail les échanges gazeux sont moins élevés dans la seconde période. Autrement dit, après quelque temps d'activité musculaire, l'animal travaille plus économiquement. (Il en résulte que les chiffres donnés plus haut pour les dépenses doivent être plutôt trop forts que trop faibles.) Cela tient sans doute en partie à ce que l'animal, au début du travail, manifeste une certaine exubérance dans ses mouvements, est « gai », comme l'on dit. Les auteurs pensent toutefois qu'une autre cause d'ordre physiologique entre aussi en jeu. Haidenhain, expérimentant sur des muscles de grenouille, a constaté que, le muscle une fois fatigué, la production de la chaleur diminue plus rapidement que celle du travail mécanique. Le rendement mécanique du muscle augmente, comme dans les expériences de Zuntz et Lehmann. Il pourrait donc se passer quelque chose d'analogue dans les essais sur le cheval. Il est néanmoins nécessaire de rappeler à ce sujet que M. Chauveau a attaqué non pas l'expérience mais la conclusion de Heidenhain. Pour lui, le rendement supérieur constaté par Heidenhain provient de l'allongement extraphysiologique du muscle détaché du corps.

Tels sont les résultats fournis jusqu'à présent par les recherches de Berlin. Il reste encore à mentionner l'établissement de bilans des recettes et des dépenses pour chacun des chevaux soumis aux expériences.

Bilan des échanges nutritifs. — Plus haut, on a donné les échanges gazeux au repos par minute et par kilogramme de poids vif. Il était intéressant de rechercher si ces valeurs étendues sur vingt-quatre heures concordent avec les valeurs réelles des échanges nutritifs durant cette période. L'animal, bien que restant à l'étable, y exécute en effet toujours quelques mouvements; il doit, de plus, absorber sa nourriture. On ne peut donc apprécier, *a priori*, l'erreur commise en utilisant la valeur trouvée au repos complet pendant les expériences dans le but d'évaluer les échanges nutritifs de l'animal pour vingt-quatre heures.

Pour se renseigner sur ce point, les auteurs ont établi pour chacun des chevaux un bilan des recettes et des dépenses, d'après la méthode indirecte de Boussingault, l'animal recevant une nourriture juste suffisante pour maintenir son poids vif constant. De cette façon, on peut calculer la quantité du CO^2 exhalé par les poumons d'après les poids de carbone contenus, d'une part, dans les aliments assimilés et, d'autre part, dans les excréments solides et liquides. En opérant ainsi, on a trouvé que l'exhalation de CO^2 devait être de 5 litres 7149 par kilogramme et par jour pour le cheval II.

Or, en calculant cette exhalation à l'aide des valeurs obtenues par le dosage direct du CO^2 exhalé pendant le repos et déterminé au moyen de l'appareil à respiration, on obtient 5 litres 3107 par jour et par kilogramme. C'est donc une différence en moins de 7 p. 100 qui résulte du calcul. Elle est conforme à ce qu'on pouvait prévoir et se laisse expliquer par les raisons suivantes :

« 1. Une certaine quantité de CO^2 s'échappe par la peau et l'anus.

« 2. Le travail causé par l'absorption de la nourriture détermine dans la production du CO^2 une augmentation qu'on a évaluée par deux expériences. Naturellement l'animal en train de manger fait aussi certains mouvements qui ne sont pas absolument indispensables à la préhension des aliments. Aussi devait-on s'attendre à trouver des valeurs assez variables.

« Le 8 mai, l'animal absorbe, en 40 minutes, 1 kilogramme d'avoine et de paille hachée; le 18 juillet, en 204 minutes, un demi-kilogramme du même mélange. L'augmentation du CO^2 exhalé s'élève : le 8 mai à 165^{cm3},8 par minute; le 18 juillet à 133^{cm3},4 par minute.

« Dans les deux cas, bien que l'absorption de la nourriture ait eu lieu plus tranquillement que dans l'écurie, l'exhalation du CO^2 a augmenté de 10 à 15 p. 100 par rapport à la production du même gaz au repos. Comme le cheval passe trois ou quatre heures par jour à prendre sa nourriture, l'influence doit se faire sentir par une élévation de plusieurs centièmes sur la production du CO^2.

« 3. Notre animal se tenait en général plus tranquille sur le manège, durant les expériences, qu'à l'écurie.

« 4. Enfin le cheval devait fournir une certaine quantité de travail pour monter sur le manège et en descendre ainsi que pour se rendre à la bascule placée à 40 mètres de l'écurie.

« Ces remarques faites, on peut qualifier de très satisfaisante la concordance entre l'exhalation du CO^2 calculée et celle trouvée directement à l'aide du bilan. »

Enfin les auteurs, évaluant les éléments nutritifs digérés d'après la méthode de Wolff (protéine digestible + graisse digestible × 2.4 + cellulose digestible + extractifs non azotés digestibles), trouvent que l'exhalation de 1 litre de CO^2 correspond à la décomposition de 1 gr. 4278 d'éléments nutritifs, ou, comme le quotient respiratoire = 0.945, que l'absorption de 1 litre d'oxygène correspond à la décomposition de 1 gr. 3493 d'éléments nutritifs.

Là se sont arrêtés les auteurs, se réservant de comparer, dans des publications ultérieures, leurs résultats avec ceux obtenus par d'autres méthodes.

Comparaison du travail musculaire chez l'homme et chez le cheval.

La méthode de Zuntz et Lehmann a été appliquée par Katzenstein à l'étude du travail musculaire de l'homme. Les individus en expérience se trouvaient sur le manège à plan incliné qui sert pour les chevaux. Il est intéressant de comparer, comme l'a fait M. Zuntz, l'énergie dégagée pour le déplacement du corps et le travail d'ascension chez l'homme et chez le cheval.

En ce qui concerne le travail d'ascension, si l'on ne tient compte que des essais sur l'animal trachéotomisé, on trouve pour le cheval II que 1 kilogrammètre travail d'ascension exige la consommation de 1^{cm^3},360 d'oxygène; pour le cheval III (cheval dont il n'est pas fait mention dans la publication de Zuntz et Lehmann), de 1^{cm^3},521. Katzenstein trouve, pour l'homme, comme valeur maximum 1^{cm^3},5036 et comme minimum 1^{cm^3},1871. On voit ainsi que l'homme, un bipède, et le cheval, un quadrupède, exigent à peu près la même dépense d'énergie pour produire 1 kilogrammètre de travail d'ascension.

Il en est autrement pour le travail de déplacement du corps. Les chevaux II et III exigent, pour 1 kilogramme de poids et 1 mètre de chemin parcouru, respectivement 0^{cm^3},0808 et 0^{cm^3},0678 d'oxygène. Pour l'homme, pendant la marche, Katzenstein trouve comme maximum 0^{cm^3},1682 et comme minimum 0^{cm^3},08858. Il est donc certain que le quadrupède se comporte, dans ce cas, plus économiquement que le bipède. M. Zuntz considère ce phénomène comme une manifestation de la loi des compensations, l'homme devant payer l'avantage que lui confère la liberté des membres antérieurs par une plus grande dépense d'énergie pour le déplacement du corps. Il remarque toutefois que l'homme bien entraîné ne dépense probablement guère plus que le cheval.

Comparaison des résultats obtenus sur le travail musculaire du cheval à l'aide de la méthode de Wolff et de celle de Zuntz et Lehmann.

Bien que les résultats publiés par Zuntz et Lehmann soient encore relativement peu nombreux, leur comparaison avec ceux obtenus par la méthode toute différente de Wolff est indiquée. Cette comparaison a été établie par M. Hagemann, collaborateur de Zuntz et Lehmann, dans un article sur le travail musculaire. Nous donnons la traduction des passages qui s'y rapportent.

(On ne s'étonnera pas de trouver pour les expériences de Zuntz et Lehmann des chiffres un peu différents de ceux qui sont contenus dans le mémoire de ces expérimentateurs. M. Hagemann [1] a pu en effet utiliser, pour établir ses moyennes, un grand nombre de résultats qui ne sont pas encore publiés.)

« Se basant sur les nombreux résultats de ses expériences, Wolff établit que 1 cheval de 500 kilogrammes au repos, à l'écurie, par une température d'environ 10 degrés et quand sa nourriture se compose de foin et d'avoine, exige 4,200 grammes d'éléments nutritifs pour son entretien. Il est admis dans ce calcul que 1 gramme de matière azotée équivaut à 1 gramme d'hydrates de carbone, et que 1 gramme de chaque substance appartenant aux deux groupes nommés à l'instant, équivaut à $\frac{10}{24}$ grammes de matière grasse. D'après Wolff, le minimum de matière azotée contenue dans ces 4,200 grammes d'éléments nutritifs doit s'élever à 500 grammes de protéine, de sorte que la relation nutritive $\frac{MA}{MNA}$ [2] $= \frac{1}{7,4}$.

« Wolff a obtenu ces données en faisant exécuter un travail de traction à des chevaux attelés à un manège circulaire. La force de traction est mesurée directement au dynamomètre et le travail mécanique nécessaire au déplacement du corps est évalué par un calcul approché à l'aide des formules de Poisson et des frères Weber.

« Dans ces conditions, une ration donnée permettait au cheval de faire un certain nombre de tours de manège sans perte de substance de la part de l'organisme. Soit en augmentant le travail et la ration, soit en les diminuant, on établit que 300 grammes d'éléments nutritifs digérés rendaient le cheval capable d'accomplir un supplément de travail de 260,000 kilogrammètres; en chiffres ronds, 50 p. 100 de l'énergie contenue dans le supplément de la ration étaient transformés en travail mécanique. De la somme des éléments nutritifs digérés dans chaque série d'expériences on retrancha 300 grammes par 260,000 kilogrammètres de travail produit. Le reste de la ration fut alors considéré comme ration d'entretien. Ce reste, rapporté au poids de 500 kilogrammes, oscilla toujours dans d'étroites limites autour du chiffre 4,200.

« Un cheval qui digère bien obtient ces 4,200 grammes d'éléments nutritifs en absorbant environ 10 kilogr. 15 de foin de pré ou de trèfle, ou bien 9 kilogrammes de foin de luzerne, ou encore 5 kilogrammes de foin et 3 kilogr. 5 d'avoine.

« Dans un essai exécuté à Hohenheim, on ne donna à l'animal que du foin (12 kilogrammes par jour). On trouva alors qu'une plus grande quantité d'éléments nutritifs était nécessaire pour son entretien; cette quantité s'élevait à 4,566 grammes pour 500 kilogrammes de poids vif. D'après les résultats des expériences de Grandeau et Leclerc, dans lesquelles 28 p. 100 seulement de la ration étaient composés d'aliments

[1] Hagemann. Arbeitleistung und Stoffverbrauch des thierischen Organismus. *Zeitschrift für Veterinärkune*, 1889, n° 4 et 5.

[2] $\frac{MA}{MNA} = \frac{\text{matière azotée digestible}}{\text{mat. grasse digest.} \times 2.5 + \text{extractifs non azotés digest.} + \text{cellulose digest.}}$.

grossiers et le reste d'aliments concentrés, la ration d'entretien fut évaluée à environ 3,600 grammes d'éléments nutritifs. A cause de ces différences, Wolff conclut à une moindre valeur des éléments nutritifs qui proviennent des aliments grossiers par rapport à ceux contenus dans les aliments concentrés. Par exemple, la substance organique digestible du foin n'aurait, d'après lui, qu'une valeur égale aux deux tiers de celle qui provient de l'avoine. Wolff attribue cette moins-value à la grande quantité de cellulose digestible que contiennent les éléments nutritifs des aliments grossiers.

« Quand Wolff, dans les calculs relatifs à ses propres expériences et à celles de Grandeau et Leclerc, eut laissé de côté la cellulose digestible, ses chiffres se trouvèrent en concordance avec ceux de ces derniers expérimentateurs.

« Il établit ainsi qu'un cheval de 500 kilogrammes, au repos, doit obtenir une ration journalière contenant 3,350 grammes d'éléments nutritifs digestibles et sans cellulose. Au-dessus de ces 3,350 grammes, tout supplément de 100 grammes livre l'énergie nécessaire à la production de 85,400 kilogrammètres de travail mécanique, dont un tiers toutefois est employé pour le déplacement du corps.

« Comme 100 grammes d'éléments nutritifs ont une valeur thermogène de 100 × 4,100 petites calories = 410 grandes calories et correspondant à 173,840 kilogrammètres, on voit que 49 p. 100 de l'énergie chimique ont été transformés en travail mécanique. Ainsi, pour le travail d'un cheval de ferme au pas et sur terrain horizontal, on peut prendre ces chiffres comme bases, bien qu'il soit possible de présenter diverses objections, notamment sur la manière de calculer l'énergie dépensée pour le déplacement du corps.....

« ..... D'ailleurs l'assertion que 4,200 grammes d'éléments nutritifs forment la ration d'entretien pour 500 kilogrammes de poids vif n'est que conditionnellement vraie. La ration d'entretien se compose de deux parties. L'une peut être considérée comme constante; c'est la quantité minimum d'éléments nutritifs nécessaires aux travaux indissolublement liés à l'accomplissement des phénomènes vitaux. Ces travaux comprennent l'activité du cœur, les mouvements respiratoires, le travail minimum de l'intestin et la production de la chaleur. Mais l'autre partie qui correspond au travail de mastication et de digestion dépend de la quantité et de la concentration des aliments. Elle augmente sensiblement quand s'accroît le poids des aliments grossiers et diminue quand ceux-ci sont remplacés par des aliments concentrés. C'est seulement parce que les animaux de Wolff ont toujours été entretenus dans des conditions semblables que cet expérimentateur a trouvé des chiffres voisins de 4,200.

« ..... D'après Wolff, un supplément de 1 kilogramme d'avoine dans la ration (contenant 580 grammes d'éléments nutritifs sans cellulose) élève de 500,000 kilogrammètres la puissance de production du cheval. Un supplément de 1 kilogramme de maïs doit même élever cette dernière de 670,000 kilogrammètres, mais aussi disposer les chevaux à une forte transpiration.

« Grandeau et Leclerc, à Paris, ont fait également travailler des chevaux au manège et au trot. Ils ont trouvé que le trot cause une dépression de la digestibilité de 3 à 8 p. 100. Wolff, d'autre part, a constaté qu'un même travail de traction, exécuté au pas, soit sur une longue distance avec faible traction, soit sur une distance plus courte avec traction plus forte, n'exerce aucune influence sur la digestibilité. Les chevaux de Hohenheim étaient des chevaux de ferme, accoutumés à un pas lent, tandis que ceux de Paris avaient plus de sang.....

« . . . . . En prenant la moyenne d'un grand nombre d'essais (plus de 50) exécutés sur nos trois chevaux tant en hiver qu'en été, on a trouvé que par une température d'environ 12 degrés la consommation d'oxygène pour 1 kilogramme de poids vif au repos s'élevait à 4 centimètres cubes. Ce qui fait 2,592 litres d'oxygène par jour pour un cheval de cavalerie légère de 450 kilogrammes. On détermina aussi expérimentalement la consommation d'oxygène correspondant au travail inévitable de mastication et de digestion. Par exemple, le cheval en expérience absorbait, en 39 minutes, un mélange de 2,000 grammes d'avoine et de 300 grammes de paille hachée; l'oxygène consommé en plus s'élevait à 631$^{cm^3}$,5 par minute. Par conséquent, le travail de mastication, d'insalivation et de déglutition pour 1 kilogramme du mélange d'avoine et de paille correspond à une consommation supplémentaire de 10 litres 74 d'oxygène. D'autre part, l'animal absorba en 72 minutes 1,640 grammes de foin; la consommation supplémentaire d'oxygène fut de 727$^{cm^3}$,7 par minute. Par conséquent, l'absorption de 1 kilogramme de foin cause une consommation supplémentaire de 31 litres 9 d'oxygène, quand l'avoine a été mangée auparavant. La ration d'un cheval de dragons comprend 4 kilogr. 5 d'avoine, 1 kilogr. 75 de paille hachée et 2 kilogr. 5 de foin. L'absorption de cette ration exige un travail qui correspond à la consommation de 147 litres d'oxygène.

« La somme $(2,592 + 147) = 2,739$ litres d'oxygène correspond à la ration d'entretien de l'animal . . . . .

« . . . . . On a vu (page 54) que pour 1 litre d'oxygène absorbé la désassimilation s'élève à 1 gramme 3493 d'éléments nutritifs. Par conséquent, aux 2,739 litres d'oxygène consommés journellement par le cheval de 450 kilogrammes correspondent 3,695 grammes d'éléments nutritifs désassimilés. Ce qui, rapporté à 500 kilogrammes de poids vif, donne 4,105 grammes 5 d'éléments nutritifs. On voit que ce chiffre concorde très bien avec celui que Wolff donne pour norme (4,200), surtout si l'on se rappelle que les chevaux de Wolff avaient plus d'aliments grossiers à mastiquer et à digérer. Ce chiffre concorde également avec celui de Grandeau et Leclerc, quand on songe que là, au contraire, la nourriture était plus digestible et contenait moins de cellulose brute . . . . .

« . . . . . Pour le déplacement au pas du cheval non chargé, on trouva, comme moyenne de nombreux essais, une consommation supplémentaire d'oxygène $= 0^{cm^3},074305$ par kilogramme et par mètre. Ainsi il faut une consommation de $450 \times 0,074305 = 33^{cm^3},44$ pour que les éléments nutritifs dégagent en s'oxydant la quantité d'énergie nécessaire à la production du travail mécanique qui correspond au déplacement d'un cheval de 450 kilogrammes pour un mètre.

« La consommation pour un déplacement de 1 mètre au trot est sensiblement plus élevée. Et de fait on la trouva très différente chez deux chevaux. On constate ici des différences individuelles très accentuées suivant la manière dont le trot est exécuté. On peut, en effet, théoriquement admettre *a priori* qu'un cheval qui a le trot élevé doit dépenser à l'allure du trot beaucoup plus de force que celui dont le centre de gravité ne décrit que de faibles excursions.

« Déjà l'un des chevaux travaillait au pas plus économiquement que l'autre; la consommation d'oxygène de l'un était de 80$^{mm^3}$,84 par mètre; celle de l'autre seulement 67$^{mm^3}$,77. Le premier de ces chevaux consommait au trot par mètre et par kilogramme 101$^{mm^3}$,14, le second 113 millimètres cubes. Il est étonnant que le cheval qui se déplace au pas le plus économiquement montre au trot la plus haute dépense. Il faut évidemment expérimenter sur un plus grand nombre d'animaux pour éclairer ces particularités.

« Chez l'un des chevaux, la consommation de l'oxygène s'élevait de 25 p. 100, celle du second de 67 p. 100, quand on compare les valeurs trouvées pour le trot à celles du pas. En moyenne, 1 kilogramme de cheval consomme par mètre et au trot $107^{mm3},22$ d'oxygène. Ce qui fait $48^{cm3},25$ pour le cheval de 450 kilogrammes.

« Les charges usuelles pour les chevaux de cavalerie légère, et qui s'élèvent de 80 à 110 kilogrammes, augmentent les valeurs trouvées pour la locomotion de 4 à 9 p. 100.

« La production de 1 kilogrammètre de travail d'ascension exige $1^{cm3},4$ d'oxygène.

« La consommation qui correspond au travail de traction dépend au plus haut degré de la pente du chemin. Pendant que 1 kilogrammètre de travail de traction exige presque exactement la même consommation d'oxygène que 1 kilogrammètre de travail d'ascension, un même travail de traction sur un chemin montant (dont la pente est d'environ 5 p. 100) exige 2 centimètres cubes d'oxygène.....

« ..... Comme 1 kilogramme de cheval consomme $1^{cm3},4$ d'oxygène pour 1 kilogrammètre de travail d'ascension et $0^{cm3},074305$ pour un déplacement de 1 mètre sur chemin horizontal, le déplacement horizontal de 1 kilogrammètre de cheval pour 1 mètre correspond à un travail mécanique égal à $\frac{0,074305}{1,4} = 0,05307$ kilogrammètres.

« Le déplacement horizontal et au pas d'un cheval de 500 kilogrammes exige donc par mètre 26 kilogrammètres 5 de travail mécanique.

« ..... D'après le calcul de Wolff, qui concorde avec celui de Kellner pour le pas, le travail mécanique de déplacement s'élève à 18 kilogrammètres 94 pour 500 kilogrammes et 1 mètre. Il n'est pas nécessaire d'attribuer toute la différence à une inexactitude du calcul de Kellner, il faut songer aussi que nos chevaux marchaient à une allure plus vive que ceux de Wolff. De même qu'un égal déplacement exige au trot un plus grand effort qu'au pas, il en est probablement de même au pas rapide. De plus, il est possible que les chevaux de ferme de Wolff se comportent plus économiquement dans la marche que nos chevaux qui ont plus de sang. Cette supposition se trouve confirmée par le fait que celui de nos chevaux qui se rapprochait le plus du type de Trakehnen montrait aussi la plus forte dépense au pas.

« On a vu que l'absorption de 1 litre d'oxygène correspond à l'oxydation de $1^{gr},3493$ d'éléments nutritifs. La valeur thermogène de 1 gramme d'éléments nutritifs est égale à 4,100 calories. L'absorption de 1 litre d'oxygène correspond donc au dégagement de $1,3493 \times 4,100 = 5,532$ calories. Mais 1,000 calories équivalent à 427 kilogrammètres, donc 5,532 calories équivalent à 2,362 kilogrammètres. La quantité d'oxygène qui en se combinant avec les éléments nutritifs dégage 1 kilogrammètre d'énergie est par conséquent égale à $\frac{1000}{2362} = 0^{cm3},42337$.

« Pour le travail d'ascension (élévation du corps chargé ou non chargé à une certaine hauteur), de même que pour le travail de traction sur terrain horizontal, nous avons trouvé par kilogrammètre une consommation supplémentaire de $1^{cm3},4$ d'oxygène. Par conséquent, l'utilisation de l'énergie potentielle de la ration (le rendement mécanique) s'élève ici à $\frac{0,42337}{1,4} \times 100 = 30.24$ p. 100.

«Pour 1 kilogrammètre de travail de traction à la montée (soit travail de traction et d'ascension réunis), le rendement est seulement de 21.17 p. 100; ainsi un tiers en plus est transformé en chaleur dans ce cas. Comme on le voit, le rendement n'est pas constant; la nature du travail exigé joue un grand rôle à ce point de vue.»

Les rendements dans les expériences de Zuntz et Lehmann sont donc inférieurs à ceux obtenus par Wolff. Il est à remarquer que les meilleures machines à vapeur ne peuvent transformer en travail mécanique que 15 à 18 p. 100 au plus de l'énergie potentielle contenue dans le charbon. Les conditions de fonctionnement de la machine animale et de la machine à feu sont d'ailleurs complètement différentes. Dans la machine animale, la chaleur n'est point transformée en travail. Quand l'énergie a revêtu cette forme, elle n'est plus utilisable pour la production de ce dernier. Elle est le terme ultime de la transformation de l'énergie dans l'organisme et a un caractère excrémentitiel.

La comparaison de Hagemann entre les expériences de Wolff et celles de Zuntz et Lehmann a porté sur trois points : 1° la ration d'entretien; 2° le travail correspondant au déplacement du corps à l'allure du pas; 3° l'énergie nécessaire à la production du travail de traction à la même allure.

Au sujet de la ration d'entretien, on ne peut faire qu'une seule remarque, c'est que la concordance des chiffres obtenus par les deux méthodes est un gage de leur valeur pour la mesure des échanges nutritifs; et quand celles-ci, pour le cas du travail musculaire, fournissent des valeurs différentes, on doit chercher les raisons de ces différences dans les conditions du travail ou dans les méthodes de calcul appliquées aux résultats des expériences.

Dès que nous passons au travail de déplacement du corps sur terrain horizontal, la concordance cesse en effet entre les résultats de Berlin et de Hohenheim. Hagemann trouve que le travail mécanique correspondant au déplacement du corps pour 1 mètre et 500 kilogrammes est de 26 kilogrammètres 5; d'après Wolff, il ne s'élève qu'à 18 kilogrammètres 94. Je ne sais pas exactement sur quelles données M. Hagemann a basé son calcul. En utilisant celles indiquées dans le mémoire de Wolff (*Landw. Jahrbücher 1887*, Supplément III, p. 62), j'obtiens le chiffre 21.75 au lieu de 18.94. Voici le calcul, le travail correspondant au déplacement de 478 kilogrammes pour une seconde, c'est-à-dire pour o m. 854 est de 17 kilogrammètres 764; pour 500 kilogrammes et 1 mètre, il sera de : $\frac{17,764 \times 500 \times 1}{478 \times 0,854} = 21$ kilogrammètres 75. Si, d'autre part, on fait le calcul pour le deuxième cheval trachéotomisé de Zuntz et Lehmann, celui qui se déplace le plus économiquement, on trouve pour 500 kilogrammes et 1 mètre : $\frac{0,0678}{1,521} \times 500 = 22$ kilogrammètres 28. C'est là un chiffre qui diffère très peu de celui de Wolff. Et comme les expériences à Berlin et à Hohenheim n'ont été exécutées que sur un petit nombre de chevaux, on pourrait penser que les différences constatées sont causées simplement par l'individualité. Mais ce serait une pure illusion de conclure de ces chiffres que les résultats de Berlin et de Hohenheim sont concordants.

En effet, ce que Hagemann a calculé, ce que nous venons de calculer à nouveau, représente le travail mécanique correspondant au déplacement du corps; mais le calcul ne dit rien de l'énergie totale qui a été dépensée pour produire ce déplacement. Or c'est sans aucun doute cette dernière qui importe le plus. Quand on compare les quantités totales d'énergie nécessaires pour effectuer un même déplacement d'après Wolff et d'après Zuntz et Lehmann, les différences deviennent très accentuées. Comme données, prenons celles qui sont les moins favorables à révéler ces différences, c'est-à-dire les chiffres obtenus avec le deuxième cheval trachéotomisé de Berlin : il consomme par kilogramme et 1 mètre de chemin parcouru $0^{cm^3},0678$ d'oxygène.

Nous venons de voir que 500 kilogrammes pour 1 mètre de chemin parcouru produisent d'après Wolff 21 kilogrammètres 75 de travail mécanique. Wolff trouve que le rendement mécanique de la machine animale est en chiffres ronds 50 p. 100 comme moyenne de toutes ses expériences. Il en résulte que 21 kilogrammètres 75 représentent 50 p. 100 de l'énergie totale dégagée pour les produire et déplacer de 1 mètre les 500 kilogrammes de poids vif. Cette énergie totale est donc $21.75 \times 2 = 43$ kilogrammètres 5.

Pour le cheval de Berlin, au déplacement de 1 mètre correspond la consommation de $33^{cm^3},90$ d'oxygène pour 500 kilogrammes de poids vif. Or, d'après le calcul de Hagemann cité plus haut, la consommation de $0^{cm^3},42337$ d'oxygène correspond à 1 kilogrammètre; les $33^{cm^3},90$ correspondent donc à $\frac{33,90}{0,42337} = 77$ kilogrammètres 71. Ainsi, tandis que d'après Wolff l'énergie totale nécessaire pour déplacer de 1 mètre 500 kilogrammes de poids vif est représentée par 43 kilogrammètres 50, d'après Zuntz et Lehmann elle atteint 77 kilogrammètres 71 : cette dernière valeur surpasse celle de Wolff de 78 p. 100. En réalité, quand d'après Wolff 100 grammes d'éléments nutritifs sont nécessaires pour fournir un certain déplacement, il en faut en chiffres ronds 180 d'après les données de Zuntz et Lehmann.

Quelle est la source d'une telle différence? Il est certain qu'il faut la chercher avant tout dans les conditions différentes de l'allure ou dans les procédés de calcul.

Tout d'abord l'allure des chevaux est plus vive à Berlin qu'à Hohenheim. Les chevaux de Wolff parcourent 0 m. 85 à la seconde, ceux de Zuntz et Lehmann 1 m. 4 quand ils se déplacent librement. Cette forte différence de vitesse est probablement la cause principale de la dépense beaucoup plus grande constatée par Zuntz et Lehmann pour un même chemin parcouru. Sur ce point, les expériences de Grandeau et Leclerc auraient pu fournir de précieux renseignements; car ces expérimentateurs ont fait marcher des chevaux librement avec des vitesses analogues à celles de Berlin. Malheureusement, les indications qu'on peut tirer de ces expériences pour notre but perdent beaucoup de leur valeur parce que les animaux ne se trouvaient pas tout à fait en équilibre de poids vif. Disons seulement que les valeurs de Berlin pour le déplacement semblent être supérieures à celles de Grandeau et Leclerc; mais il est tout à fait impossible d'exprimer numériquement la différence, et c'est précisément cette dernière qu'il importerait d'évaluer.

D'autre part, Zuntz et Lehmann apprécient le travail nécessaire au déplacement en faisant marcher le cheval librement sans lui imposer d'autre travail; dans les expériences de Wolff, l'animal exécute toujours un travail de traction. Ce sont là des conditions sensiblement différentes. Rien ne prouve que le rendement mécanique donne la même valeur dans les deux cas. Comme ce sont, en grande partie au moins, les mêmes muscles qui exécutent le déplacement du corps et le travail de traction, quand l'animal tire une charge, le rendement mécanique doit être le même pour le travail de déplacement et le travail de traction. Par conséquent, si la traction fait varier le rendement, l'énergie nécessaire au déplacement variera de la même façon. Il peut donc se faire que, de ce chef encore, les résultats de Hohenheim et de Berlin ne soient pas absolument comparables.

Pour les mêmes raisons, la comparaison qui porte sur le travail de traction au pas n'est pas plus aisée. Hagemann trouve un rendement de 30.24 p. 100, tandis que le rendement pour Hohenheim atteint 50 p. 100. Pour calculer le rendement dans les expériences de Berlin, on retranche l'énergie correspondant au déplacement libre de la quantité totale d'énergie dépensée pour le travail de traction et le travail de déplacement simultanés. Mais, nous venons de le voir, il peut se faire que le rendement mécanique du travail de déplacement ne soit pas le même dans les deux cas. Cela n'a aucun inconvénient pour la pratique, mais la comparaison peut en souffrir. Wolff, en effet, calcule directement le travail de déplacement; et cela à l'aide d'une formule qui n'est pas certaine (cette fois, c'est la formule dont l'exactitude est douteuse). Ainsi il est bien clair que les rendements sont établis de façons différentes à Berlin et à Hohenheim, et par là même il devient difficile de les comparer. Les procédés de calcul peuvent jouer ici un rôle qui est loin d'être négligeable. D'ailleurs ces rendements conservent au point de vue pratique, je le répète, toute leur valeur, quand on les applique à des conditions semblables à celles réalisées dans les expériences.

Nous avons insisté sur ce sujet parce que les différences constatées entre les résultats seraient de nature à jeter une défaveur imméritée sur les méthodes de Berlin et de Hohenheim; le jour seulement où ces méthodes fourniront des valeurs qu'on pourra considérer comme obtenues dans des conditions identiques, on possédera les données nécessaires pour établir jusqu'à quel point elles concordent. Il n'y a point de raison pour qu'on n'utilise pas jusque-là les résultats qu'elles ont fait connaître pour les conditions dans lesquelles elles ont été employées.

Applications des résultats obtenus par Zuntz et Lehmann.

Hagemann[1] a employé les résultats de Berlin à la critique de la ration du cheval de cavalerie légère de l'armée allemande. Nous la reproduisons comme une application des données obtenues par Zuntz et Lehmann.

« Le travail du cheval de l'armée consiste essentiellement dans le déplacement, à toutes les allures, de son propre corps chargé du cavalier et du paquetage. Il doit de plus franchir des obstacles. Enfin, dans l'artillerie et le train des équipages, il tire des pièces d'artillerie ou des voitures. Ces travaux sont exécutés sur un sol en partie relativement ferme, en partie très ferme, enfin meuble. Le terrain est souvent mouvementé; les chemins sont alternativement montants ou descendants, rarement horizontaux dans la réalité.

« Pour le pas et le trot, nous possédons des données suffisantes pour calculer l'équivalent nutritif du travail produit et le quantum de nourriture correspondant. Pour le galop comme pour le saut, nos essais ne nous ont encore fourni aucune donnée; il me sera donc provisoirement impossible d'évaluer l'équivalent nutritif de ce genre de travail. Aussi nous supposerons que le travail journalier est accompli de la manière suivante : un tiers au pas et deux tiers au trot. Nous admettrons de plus que le travail

[1] *Loc. cit*

s'exécute sur un sol horizontal, ferme et élastique. On ne peut imaginer de conditions plus favorables pour la production du travail. On supprime en effet de cette façon tous les efforts supplémentaires que fait le cheval sur un chemin glissant pour ne pas tomber ou qui résultent de l'enfoncement des sabots dans un sol mou.

« Ces conditions admises sont celles réalisés dans nos essais; les résultats obtenus sont donc directement applicables.

« L'intensité du travail du cheval de cavalerie varie beaucoup dans le cours de l'année; elle est minima immédiatement après les manœuvres, pour s'élever ensuite jusqu'à l'époque des manœuvres suivantes et atteindre alors son maximum. Pour arriver à de justes appréciations, nous diviserons l'année en trois périodes : 1° hiver; 2° période d'exercices; 3° période de manœuvres. Durant l'hiver, le chemin parcouru doit être journellement de 15 kilomètres; mais durant les périodes d'exercices et de manœuvres, il atteint 30 et 60 kilomètres. Le poids d'un dragon ou d'un hussard étant évalué à 57 kilogrammes, la charge du cheval, eu égard à l'équipement variable de l'homme et de l'animal, est en chiffres ronds de 82 kilogr. 90 et de 110 kilogrammes.

« Durant la période d'hiver, il faut compter 1 jour de repos sur 7; durant la période d'exercices, 2 jours sur 7; enfin pendant les manœuvres, 1 jour sur 4. En tenant compte des jours de fête, on trouve : pour la période d'hiver (6 mois), 150 jours de travail et 31 jours de repos; pendant la période d'exercices (3 mois), 65 jours de travail et 29 jours de repos; pendant les manœuvres (3 mois), 67 jours de travail et 23 jours de repos. Ce qui fait 83 jours de repos sur les 365 jours de l'année.

« D'après le règlement, la ration du cheval de cavalerie légère se compose, durant la première et la deuxième période, de 4,500 grammes d'avoine, 2,500 grammes de foin et 3,500 grammes de paille. La moitié au plus de la paille peut être consommée. Le reste sert de litière.

« Le poids du cheval de cavalerie légère étant évalué à 450 kilogrammes, la consommation du cheval les jours de repos nous est donnée par le chiffre de 3,695 grammes d'éléments nutritifs (voir p. 57). Pendant la troisième période, la ration comprend 5,000 grammes d'avoine, 1,500 grammes de foin et 1,750 grammes de paille. Durant cette période, le travail de mastication et de digestion se trouve diminué, et le poids vif à transporter est moindre. D'après les données qui précèdent (voir p. 57), il est facile de calculer que dans cette période la ration d'entretien du cheval inactif s'élève par jour à 3,659 grammes d'éléments nutritifs.

« D'autre part, les éléments nutritifs assimilables contenus dans 4,500 grammes d'avoine s'élèvent à 2,710 grammes; dans 2,500 grammes de foin, à 1,015 grammes; dans 1,750 grammes de paille hachée, à 342 grammes; ce qui donne une somme de 4,067 grammes d'éléments nutritifs par jour durant les première et deuxième périodes. Durant la troisième période, les 5,000 grammes d'avoine livrent 3,010 grammes d'éléments nutritifs assimilables; les 1,500 grammes de foin, 609 grammes; les 1,750 grammes de paille hachée, 342 grammes; ce qui donne un total de 3,961 grammes d'éléments nutritifs.

« Après soustraction de la ration d'entretien, il reste pour la production journalière du travail 372 grammes d'éléments nutritifs dans les deux premières périodes, et 302 grammes dans la dernière; ce qui fait pour l'année entière

$$275 \times 372 + 90 \times 302 = 129{,}480 \text{ grammes.}$$

« Quel est maintenant, en comparaison de ce chiffre, le besoin de l'organisme pour produire le travail dans les conditions posées ci-dessus?

« Comme il a été établi que le cheval doit durant la première période franchir journellement une distance de 5 kilomètres au pas et de 10 kilomètres au trot avec une charge de 82 kilogrammes,

Le transport du cheval au pas pour 15 kilomètres exige	501 litres d'oxygène.
Le surplus pour 10 kilomètres au trot	147,65
Le surplus pour le port de la charge	23,91
Le travail total exige par jour	673,16

« Ce qui fait, pour 150 jours de travail, 100,974 litres d'O correspondant à (100,974 × 1,3493) = 136,244 grammes d'éléments nutritifs.

« Durant la seconde période, la charge est de 90 kilogrammes et le chemin double. Par conséquent, au double de la quantité d'oxygène consommée dans la période précédente, il faut encore ajouter 5 litres 28 pour le surcroît de charge de 8 kilogrammes. La consommation totale d'oxygène par jour et pour le travail est donc de 1,351 litres 6; ce qui fait, pour les 65 jours de travail de la période, 87,854 litres d'oxygène correspondant à 118,514 grammes d'éléments nutritifs.

« Dans la troisième période la distance s'élève de nouveau au double de celle parcourue durant la seconde. L'effort par mètre de chemin parcouru doit être plus intense que dans les périodes précédentes. Il est vrai que plus d'un tiers de la distance est franchie au pas; mais, par contre, le galop est plus fréquent. Même en terrain plat les obstacles que la nature du terrain oppose à la marche en avant sont plus gênants que sur la place d'exercice et ils augmentent encore en terrain montueux. Aussi nous comptons pour le travail d'abord le double de la deuxième période, c'est-à-dire une consommation journalière de 2,703 litres 26 d'oxygène pour le travail, et pour le surcroît de charge de 20 kilogrammes avec l'équipement de campagne 23 litres 61; au total, 2,726 litres 87 d'oxygène. Cela fait, pour 67 jours de travail, 182,700 litres d'oxygène ou en éléments nutritifs 252,260 grammes.

« Ainsi la quantité d'éléments nutritifs s'élève à 507,018 grammes pour le travail d'une année. On a vu que la nourriture absorbée par les chevaux ne laisse que 129,480 grammes disponibles pour le travail: on arrive donc au déficit énorme de 377,538 grammes d'éléments nutritifs par an, soit un déficit journalier de 1,034 gr. 35. Si l'on voulait combler ce déficit par un supplément d'avoine, il faudrait donner en plus journellement 1,718 grammes d'avoine de qualité moyenne, et encore on ne tient pas compte du travail de mastication.

« La distribution régulière de ce supplément durant toute l'année serait admissible, parce que la nourriture en excès est emmagasinée sous forme de graisse presque sans perte, et celle-ci est consommée en cas de nourriture insuffisante.

« Comme, en réalité, les chevaux de l'armée ont pu jusqu'ici vivre avec leurs rations, on pourrait penser que les résultats des expériences sont entachés d'erreur. Abstraction faite du grand nombre d'expériences exécutées, ce soupçon se trouve écarté tout spécialement par la concordance de notre ration d'entretien avec celle que Wolff, Grandeau et Leclerc ont trouvée par une méthode toute différente. Si les chevaux ont pu jusqu'à présent se tirer d'affaire, d'ailleurs assez difficilement, cela tient à deux causes : d'une part, les animaux reçoivent, notamment durant les manœuvres, une ration supérieure à la ration réglementaire; d'autre part, le travail exécuté est moindre que le travail évalué. Si réellement tout le travail évalué était en réalité accompli, le supplément d'avoine de 1,700 grammes serait plutôt trop faible que trop fort. Car, avec un surcroît de ration, le travail de mastication et de digestion augmente également, de sorte que les échanges nutritifs au repos se trouvent élevés; de plus, dans le cas de travail intense particulièrement au trot rapide, la péristaltique intestinale est activée à un tel point, que la digestibilité de la ration est de 4 à 6 p. 100 moindre que d'après les données de Wolff (qui résultent d'essais à l'allure du pas). Dans le calcul du travail, on a supposé que les deux tiers du chemin sont franchis au trot. Mais, d'autre part, les données employées dans le calcul ont été obtenues dans les conditions de travail les plus favorables; dans nos essais, les chevaux se déplaçaient sur un plancher ferme et élastique, formé de traverses en bois de chêne. De plus, on a admis que le transport était toujours horizontal, pendant qu'un cheval chargé qui gravit une pente consomme une quantité d'oxygène sensiblement plus élevée.

« Nous avons mesuré directement la dépense d'énergie nécessaire au transport d'un cavalier sur un chemin montant. Chaque kilogrammètre de traction correspond à une absorption de 1 ^{cm3},4 d'oxygène. Soit une pente de 5/100 sur une distance de 1,500 mètres, le cheval de cavalerie, du poids de 560 kilogrammes (cavalier et équipement compris durant les manœuvres), doit élever cette charge à 75 mètres de hauteur. Le travail d'ascension = 75 × 560 = 42,000 kilogrammètres. Ceux-ci exigent 58 litres d'oxygène correspondant à 79 grammes 34 d'éléments nutritifs que le cheval obtient en consommant 132 grammes d'avoine. Cet exemple montre combien les inégalités du terrain augmentent les besoins de la consommation. Le transport sur un terrain descendant, quand la pente est modérée, exige certainement une moindre dépense d'énergie que le transport horizontal, mais cette économie est cependant faible en comparaison du surcroît de dépense à la montée.

« Comme il a été dit plus haut, le travail de traction dépend au plus haut degré de la pente. Sur chemin horizontal, ce travail n'exige guère plus d'énergie par kilogrammètre que le travail d'ascension, pour lequel nous venons précisément de donner un exemple. »

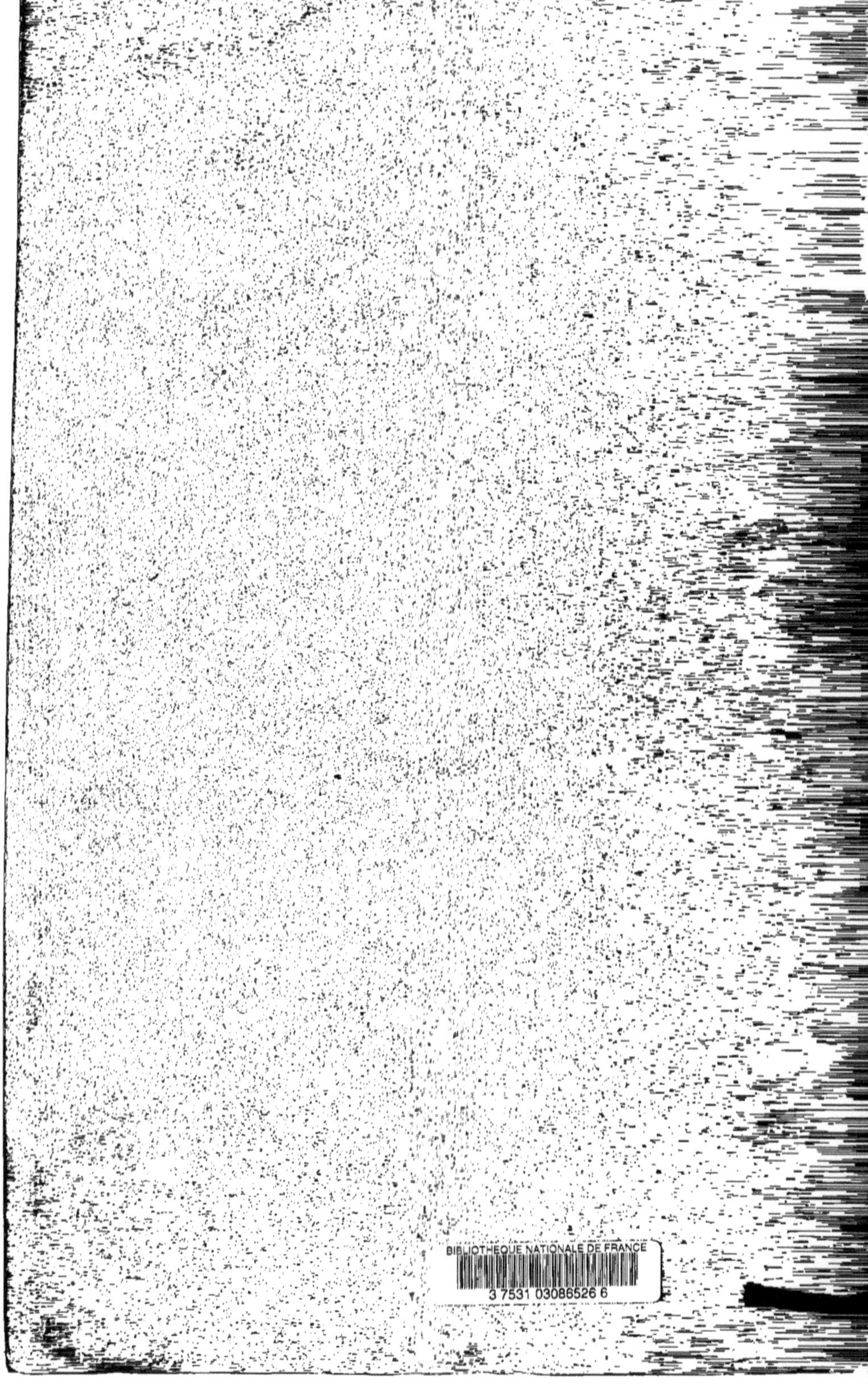

www.ingramcontent.com/pod-product-compliance
Ingram Content Group UK Ltd.
Pitfield, Milton Keynes, MK11 3LW, UK
UKHW020208200726
13856UKWH00003B/1258